VORWORT

Zum Thema Kommunikation im Geschäftsalltag gibt es viele Fachbücher, daher freut uns das Interesse unserer Leser und Kunden ganz besonders, welches sich in der nunmehr 3. Auflage dieses Bestsellers ausdrückt.

Die Spezialisierung dieses Buches liegt zum einen auf der schriftlichen Kommunikation sowie zum anderen auf dem im Geschäftsalltag oft gewählten Medium der Präsentation.

Insofern beschreiben wir in den Kapiteln 1 bis 6 die Erarbeitung einer überzeugenden Argumentationslogik, neudeutsch auch Storyline genannt. Content is king, unabhängig vom gewähltem Medium. Mündlich wie schriftlich.

In den Kapiteln 7 und 8 wenden wir uns dann der gestalterischen Umsetzung der erarbeiteten Storyline und Inhalte für eine Präsentation zu und zeigen erstmals, wie sich in den vergangenen Jahren auch das Niveau der den mündlichen Vortrag unterstützenden Folien erhöht hat. Freuen Sie sich auf das Fallbeispiel in zwei Varianten: Selbsterklärend ohne mündliche Rede und als eMail versendet sowie die mündlich vorgetragene Version – live und on Stage vor Ihrem Publikum. Beide Varianten natürlich auf Basis der gleichen Logik.

Wir sind gespannt, wie sich angesichts von graphischen und technologischen Innovationen diese Ausdrucksform weiterentwickeln wird. Wir werden darüber in den kommenden Auflagen berichten.

Viel Vergnügen beim Lesen und natürlich Anwenden zum eigenen Vorteil.

Hamburg, September 2017

KEY MESSAGE. DELIVERED.

HAUFE GRUPPE
Freiburg · München · Stuttgart

KEY MESSAGE. DELIVERED.
Business-Präsentationen mit Struktur

WOLFGANG HACKENBERG · CARSTEN LEMINSKY · EIBO SCHULZ-WOLFGRAMM

Bibliografische Information der
Deutschen Nationalbibliothek

Die Deutsche Nationalbibliothek verzeichnet diese Publikation in der Deutschen Nationalbibliografie; detaillierte bibliografische Daten sind im Internet über http://dnb.d-nb.de abrufbar.

Print: ISBN 978-3-648-10857-4
Bestell-Nr.: 10406-0002

ePUB: ISBN 978-3-648-10858-1
Bestell-Nr.: 10406-0101

ePDF: ISBN 978-3-648-10859-8
Bestell-Nr.: 10406-0151

3. Auflage 2017

Produktmanagement
Bettina Noé

Redaktionelle Mitarbeit
Christian Kappesser
Lars Plickert

Illustration
Lone Thomasky

DTP und Umschlagsgestaltung
Simone Scheutz
Michaela Kapalla
Alexander Merkel
RED GmbH, 82152 Krailling

Präsentationsgestaltung
Lea Filipowicz, Malou Linke, Vanessa Tran

INHALTSVERZEICHNIS

EINFÜHRUNG

»TO ACHIEVE SOMETHING GREAT, I NEED TWO THINGS: A PLAN, AND NOT ENOUGH TIME«

LEONARD BERNSTEIN, AMERIKANISCHER DIRIGENT UND KOMPONIST

SHOWDOWN AM BEAMER

Liebe Leser, ist es nicht grotesk? Da fließen in die Forschungsabteilung eines Unternehmens Millionenbeträge, um ein neues Produkt oder ein neues Verfahren zu entwickeln. Die entsprechenden Fertigungsanlagen verschlingen einen nicht minder großen Etat und eine gigantische Marketingmaschinerie sorgt schließlich mit größtem Aufwand für die Vermarktung des neuen Produkts. Doch am Ende sitzen einige wenige Damen und Herren beim Kunden am Tisch und sind vielleicht allein maßgebend dafür verantwortlich, ob das neue Produkt tatsächlich zur erhofften Cashcow wird oder doch schlicht floppt.

Alles, worauf sie sich dann beim Meeting neben ihrer eigenen Persönlichkeit noch verlassen können, ist ihre Business-Präsentation. Die »Präse« — Informationsmedium, Visitenkarte und Impulsgeber in einem. Das magische Tool. Doch was, wenn es in diesem entscheidenden Moment versagt? Wenn der Funke nicht überspringt? Wenn der Kunde nicht überzeugt werden kann, weil die Argumente nicht durch ihre Logik überzeugen oder nicht überzeugend kommuniziert werden? Vieles, vielleicht alles, hängt nun von ein paar Folien ab. Erschließen sie sich nicht, war möglicherweise alles vergebens.

Wir sind uns gewiss einig: Eine solche Situation ist der **kommunikative Super-GAU.** Doch auch schon bei weniger hohem Einsatz birgt die Unfähigkeit, wirkungsvoll argumentieren zu können, hohe Risiken. Und auch in einem anderen Punkt dürfte Einigkeit bestehen: Einer hat immer die Arbeit. **Entweder derjenige, der Botschaften aussendet oder derjenige, der sie empfängt und verstehen muss.** Da man dem Adressaten diese Last aus verständlichen Gründen nicht aufbürden darf, ist zwangsläufig immer der Absender in der Bringschuld. Er ist es, der seine Gedanken so aufbereiten muss, dass sie Gehör finden.

AL GORES »UNBEQUEME WAHRHEIT«

Als Al Gore am 28. Februar 2007 in der Universität von Miami die Bühne betritt, zieht er binnen weniger Minuten 7.000 Menschen in seinen Bann, fesselt sie. Er reißt seine Zuhörer mit. Begeistert sie für seine Herzensangelegenheit. Und für sich. Frisch und beschwingt, aber auch charismatisch tritt er vor sein Publikum – er, der bis dato als eher steif und hölzern wahrgenommene Ex-Vizepräsident der Vereinigten Staaten schafft es, das Auditorium nicht nur für sein Thema, sondern auch für seine Person einzunehmen.

Getrieben wird er von einer Idee, einer Mission: Klimaschutz. **Seine Botschaft:** Wir müssen den CO_2-Ausstoß senken, die Erderwärmung aufhalten. **Sein Medium:** Folien, produziert mit einer handelsüblichen Präsentationssoftware.

Die fast filmartig konzipierte Folienpräsentation und die Strahlkraft einer wirklich verinnerlichten Botschaft verhelfen Gore zu immer neuen Erfolgen. Miami war nur einer von vielen Auftritten. Wieder und wieder hat er diese Vorträge gehalten, sein Anliegen vermittelt, die Menschen fasziniert.

„GROSSE GEDANKEN BRAUCHEN NICHT NUR FLÜGEL, SONDERN AUCH EIN FAHRGESTELL ZUM LANDEN!"

Die Wurzeln für die spektakuläre Wiedergeburt des Al Gore liegen in der Zeit lange vor seiner Washingtoner Karriere. In den 70er-Jahren hatte er bereits als Umweltaktivist vor der Erderwärmung gewarnt und seine Vorträge mit Kleinbild-Dias illustriert. 2003 nahm er diesen Faden wieder auf, reiste um die Welt, professionalisierte seine öffentlichen Auftritte. Der Rest ist bekannt:

»An Inconvenient Truth« schrieb Geschichte. Regisseur Davis Guggenheim war von Gores Vorträgen so beeindruckt, dass er beschloss, sie zu verfilmen. Der Film rüttelte die Menschen weltweit wach, wurde mehrfach preisgekrönt, gewann sogar einen Academy Award.

Wenngleich wir in Sachen Klimaschutz leider immer noch am Anfang stehen, so hat Gore dennoch eine Menge bewegt. Er hat eine breite Öffentlichkeit erreicht und überzeugt. Und noch mehr: **Er hat bewiesen, welche Kraft sein Medium — die Präsentation — entfalten kann.**

WAS DIESES BUCH LEISTET

Wir wollen Sie in die Lage versetzen, Business-Präsentationen so zu erstellen, dass sie von Ihrem Adressaten selbstständig verstanden werden — auch ohne erklärende Tonspur und flankierende Beiträge.

Auf recht einfache Weise werden Sie erfahren, wie Sie es schaffen, Ihre Botschaften auf das Wesentliche zu reduzieren, und wie Sie Ihr Publikum so bedienen, dass Ihre Botschaften wahrgenommen werden. Ziel des Buches ist es daher, Ihnen schnell und unkompliziert zu spürbaren Erfolgen zu verhelfen. Der Fokus liegt auf selbsterklärenden Business-Präsentationen, die beim Adressaten zu »Aktion« führen. Am Ende des Buchs werden Sie in der Lage sein, Business-Präsentationen mit handlungsgetriebenen Botschaften zu erstellen. Insgesamt wird Ihr Dokument zum einen aus weniger Folien bestehen und zum anderen wird jede Folie übersichtlicher aussehen.

Wegen der Unmenge an Business-Präsentationen, mit der man im Geschäftsalltag mittlerweile fertig werden muss, konzentrieren wir uns in diesem Buch meist auf die klassische Business-Präsentation, doch sei schon jetzt angemerkt, dass die zugrundeliegende Methodik auch für andere Kommunikationsarten anwendbar ist, also auch für eine Rede, jedes Meeting, den Vortrag, E-Mails und Telefonate. Hinweise zu Präsentationstechniken wie Körpersprache und Vortragstempo werden Sie hingegen in diesem Buch nicht finden. Das Buch ist definitiv auch kein PowerPoint-Ratgeber.

KARRIERETURBO KOMMUNIKATION

Wie wichtig die Fähigkeit zu kommunizieren heute ist, wird täglich deutlich: Stets müssen Kollegen und Vorgesetzte informiert, Kunden und Investoren begeistert, externe wie interne Stakeholder ins Boot geholt werden. Sie müssen Entscheider auf Ihre Seite bringen, Zweifler überzeugen und Kritiker besänftigen. Somit ist nicht erst seit Al Gore klar: **Die flammendsten Gedanken, die besten Ideen, die tollsten Konzepte, all Ihre innovativen Ansätze bringen Sie nicht weiter, wenn Sie sie nicht vermitteln und andere davon überzeugen können.**

Insofern sind alle Hierarchieebenen und Tätigkeitsfelder von dieser Herausforderung betroffen: Der Berufseinsteiger, der meist mit Projektarbeit beginnt; der Young Professional, der im Karrierewettbewerb hervorstechen möchte und auch der Topmanager, der weniger Business-Präsentationen erstellt, sondern eher als Adressat erhält. Alle an diesem Kommunikationsprozess Beteiligten eint der Zeitmangel und Zeitdruck.

Ziel ist es, mit Hilfe von strukturierten Business-Präsentationen wirkungsvoller zu kommunizieren und diese effizienter zu erstellen. **Nur wer das schafft, wird seine Karriere beschleunigen.**

SEIEN SIE VERSTÄNDLICH

Blicken wir noch einmal auf Al Gore. Was genau zeichnet seine Präsentationen aus?

- Er weiß genau, wie er sein Publikum packen kann und nutzt deshalb Bilder der unvergleichlichen Schönheit unserer Erde, um gleich zu Beginn für sein Thema zu sensibilisieren.
- Er vermeidet Bullets, setzt stattdessen auf wirkungsvollere Darstellungsformen wie Grafiken, Tabellen und Fotos.
- Er stellt Zahlen und Fakten eindrucksvoll dar.
- Er erzählt richtige »Stories«, teilweise sogar sehr persönlicher Natur.
- Er nutzt eine eingängige Kernbotschaft, die er wie den Refrain eines Songs wiederholt: »The only thing we're lacking is the will to act, but in America that will is a renewable resource.«

Er hatte also einen Plan: Damit repräsentiert Al Gore den Idealfall einer gelungenen Kommunikation, die ankommt und wirkt. Eben das, was auch wir erreichen wollen, wenn wir E-Mails und Memos verschicken, Berichte schreiben oder Präsentationen halten.

Nun sind Sie aber nicht Al Gore. Sie werden kaum über seine Mittel und Möglichkeiten verfügen (Gore greift z. B. auf hochprofessionelle Berater zurück und übt seine Präsentationen lange im Voraus minutiös ein). Und vor allem: Sie werden nur in seltenen Fällen persönlich Ihrer Zielgruppe gegenüberstehen, die frontale Vortragssituation dürfte also eher die Ausnahme sein. Vielmehr sieht die Realität häufig so aus, dass Sie einen Bericht oder eine Präsentation im Vorfeld versenden und dann aufgrund dessen eine Einladung zur persönlichen Präsentation erhalten. Wenn in der persönlichen Vorstellung alles gut verlaufen ist, werden Sie gebeten, Ihre Präsentation zur Verteilung zur Verfügung zu stellen. In beiden Fällen steht es nicht in Ihrer Macht zu bestimmen, wo die Präsentation landet und wer die Inhalte liest. Häufig muss der Adressat alleine mit Ihrer Präsentation klarkommen — **Ihre Kommunikation muss also immer selbsterklärend sein. Es geht im Alltag in erster Linie um die Kommunikation von logischen und verständlichen Botschaften.**

LOGIK IST DER SCHLÜSSEL

»*The problem with most bad presentations I see is not the speaking, the slides, the visuals, or any of the things people obsess about. Instead, it's the lack of thinking.*«
(ANDREW DLUGAN, CONFESSIONS OF A PUBLIC SPEAKER)

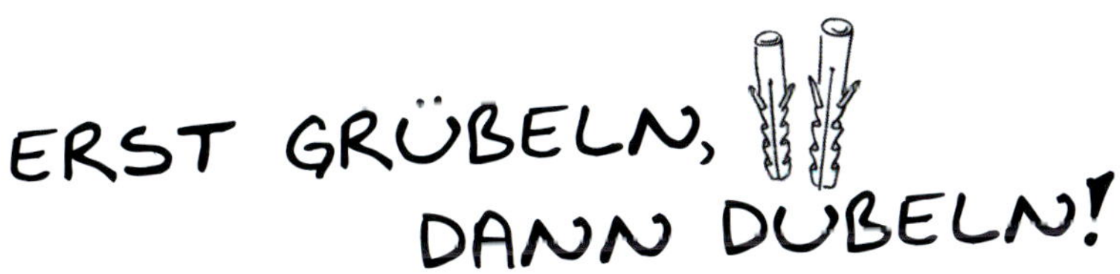

Immer wieder können Sie feststellen, dass es in Unternehmen zwar häufig eine Reihe von sprachlich, visuell und technisch begabten Mitarbeitern gibt, die durchaus wohlklingende Reports oder optisch ansprechende Business-Präsentationen abliefern. Dennoch verpuffen ihre aufwändig produzierten Medien relativ wirkungslos, da den Adressaten ihre eigentliche Aussage verborgen bleibt. Worin liegt das Problem?

Es ist — wie Andrew Dlugan sagt — »the lack of thinking«. Ein Mangel an Stringenz und argumentativer Kraft. **Es müsste mithin einfach ein wenig mehr nachgedacht werden. Über die Aufgabenstellung, den Lösungsweg, die eigene Argumentation und vor allem auch die Zielgruppe.** Oftmals beschäftigen sich die Verfasser nicht genügend mit der Materie und sind nicht in der Lage, eine innere Logik aufzubauen, oder sie adressieren ungenau. Die Folgen liegen auf der Hand.

STRUCTURE FIRST

Eine Fülle von Literatur rankt sich um das Thema, wie man seine Business-Präsentationen ästhetisch und eindrucksvoll gestaltet. Bei diesen Werken steht das Visuelle klar im Vordergrund: Welche Farben erzielen welche Wirkung? Welche Diagramme soll man für diese oder jene Zahlen verwenden? Woher bekommt man die besten Illustrationen? Ganze Wirtschaftszweige haben sich in der Peripherie von Business-Präsentationen entwickelt und zahlreiche Agenturen und Grafiker bieten mittlerweile mehr oder weniger wirkungsvolle Chart-Kosmetik an. Viele Zeitgenossen setzen also gute Präsentationen mit schönen Folien gleich. Doch das ist ein fataler Irrtum. Gute Präsentationen sind nur jene, die ihr Ziel erreichen. **Der Maßstab ist also die Wirkung — nicht die Optik.** Wirkung bedeutet, das zu erreichen, was mit der Präsentation intendiert wird: eine bestimmte Verhaltensänderung etwa oder auch einfach nur Verständnis für eine bestimmte Situation.

Doch wie erreicht man diesen hohen Wirkungsgrad? Was unterscheidet »gute«, wirksame von »schlechter«, unwirksamer Kommunikation? Es ist die Art, wie Argumente aufbereitet sind, wie sie nachvollzogen werden können, um schließlich zu überzeugen. **Es ist der Aufbau, die Struktur. Die Logik — und erst dann die Optik.**

Natürlich spricht nichts gegen »schöne« Folien. Im Gegenteil: Wie Sie noch sehen werden, ist die adäquate Visualisierung ein integraler Bestandteil effektiver Kommunikation. Aber eben nur ein Teil. Da aber die optische Gestaltung letztlich auf einer stimmigen Struktur basiert, erhalten Sie mit diesem Buch vor allem eine Anleitung zur optimalen Strukturierung Ihrer Argumente.

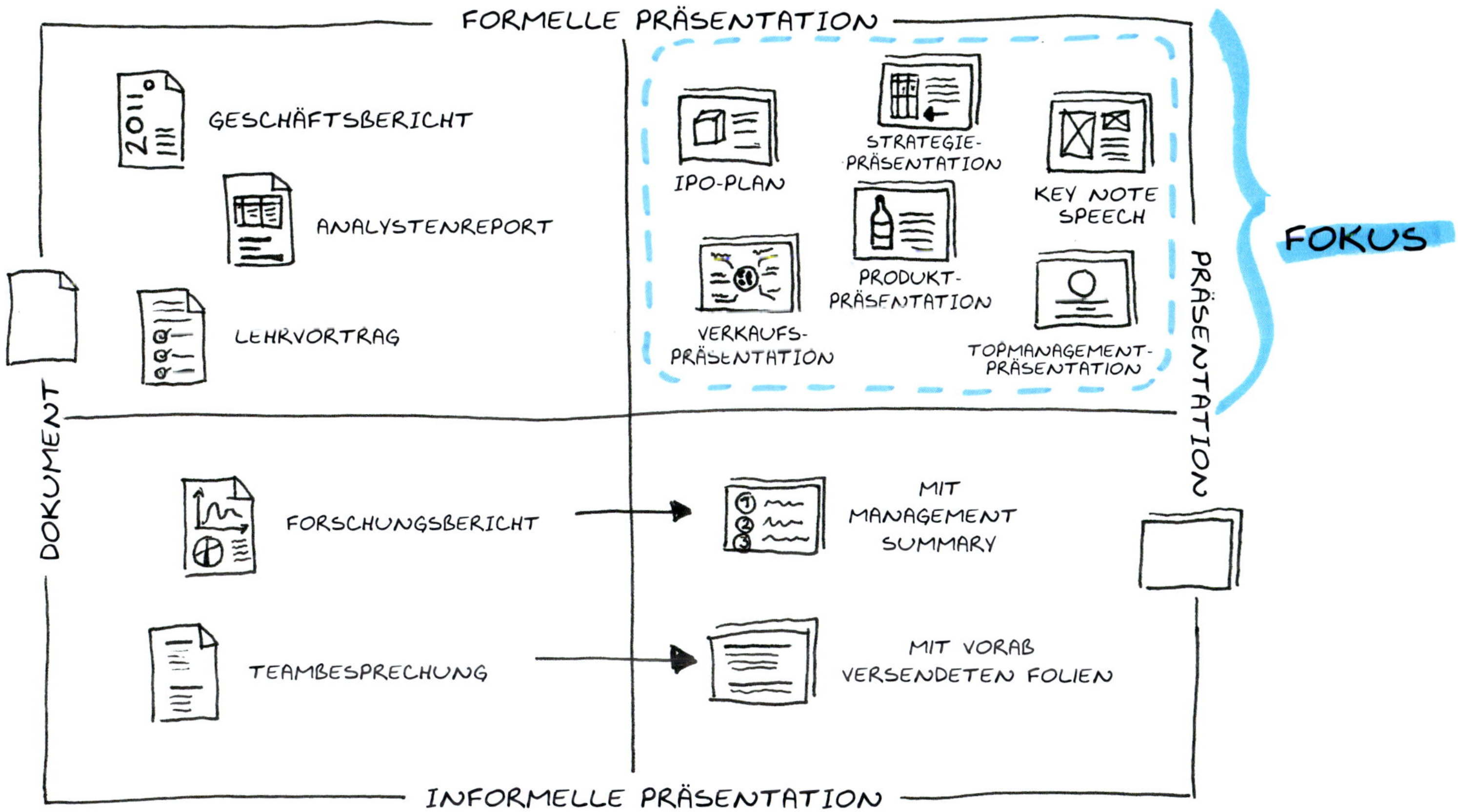
FORMELLE PRÄSENTATION
GESCHÄFTSBERICHT
2011
ANALYSTENREPORT
LEHRVORTRAG
IPO-PLAN
STRATEGIE-PRÄSENTATION
KEY NOTE SPEECH
PRODUKT-PRÄSENTATION
VERKAUFS-PRÄSENTATION
TOPMANAGEMENT-PRÄSENTATION
FOKUS
DOKUMENT
PRÄSENTATION
FORSCHUNGSBERICHT
MIT MANAGEMENT SUMMARY
TEAMBESPRECHUNG
MIT VORAB VERSENDETEN FOLIEN
INFORMELLE PRÄSENTATION

TRAINING IST ALLES

Fazit: Wer heute im Job bestehen möchte und Erfolg haben will, kommt um effektive Kommunikation nicht herum. Und: wirksames Kommunizieren ist erlernbar.

Mit der nachfolgend beschriebenen Methode wird es Ihnen – ein wenig Disziplin vorausgesetzt – binnen kurzer Zeit möglich sein, Ihre Gedanken so aufzubereiten, dass sie ihre positive Kraft auf andere voll entfalten können. Wir möchten Sie an die Hand nehmen und Sie Schritt für Schritt durch den Aufbau einer effektiven Argumentation begleiten. Folgen Sie uns auf einem spannenden Weg in die Strukturen funktionierender Kommunikation und nutzen Sie dieses Wissen für Ihre Karriere.

Nach dem Verstehen der Vorgehensweise folgt das praktische Anwenden: »Übung macht den Meister«, gilt auch hier, aber schon nach wenigen Malen werden Sie signifikante Fortschritte feststellen. Nutzen Sie die Methode insbesondere für solche Anlässe, die für Sie oder Ihr Unternehmen von besonderer Bedeutung sind.

Bei bestimmten formellen Business-Präsentationen (etwa Vorstandsvorlagen oder Produktvorstellungen beim Kunden) sind die Anforderungen hinsichtlich Inhalt, Struktur und Visualisierung deutlich höher als etwa bei Dokumenten für eine Mitarbeiterbesprechung. Je formeller der Rahmen ist, innerhalb dessen die Business-Präsentation gehalten wird, desto sorgfältiger sollten Sie Ihre Business-Präsentationen entwickeln.

AUS DER PRAXIS FÜR DIE PRAXIS

Als ehemalige Manager und Berater kommen wir aus der Praxis, und so ist dieser Leitfaden auch für Praktiker bestimmt. Die Beobachtungen und Erfahrungen, die wir in all den Jahren machen konnten, inspirierten uns, das Thema »Strukturierte Kommunikation« eingehender zu vertiefen und einen Ansatz zu entwickeln, den wir nun mittels unserer Seminare weitergeben, um eines zu erreichen: *steering communications.*

Unser Ansatz ist ein Handwerkszeug, das Sie befähigt, Ihre persönliche Kommunikations-Performance im Job-Alltag zu verbessern. Wir haben ihn in Anlehnung an Barbara Mintos Prinzip des pyramidalen Denkens erarbeitet, unserer jahrelangen Erfahrung angepasst und optimiert für den Einsatz im 21. Jahrhundert. Sowohl als Trainer als auch bei unserer Tätigkeit als Strategieberater können wir mit seiner Hilfe immer wieder überzeugen.

Und das Feedback, das wir auf unsere Seminare bekommen, bestätigt uns. International – von den USA bis China – attestieren uns die Teilnehmer eine signifikante Verbesserung ihrer analytischen und kommunikativen Fähigkeiten. Wir fokussieren uns daher in diesem Buch voll und ganz auf den praktischen Alltagsnutzen und versuchen, so weit wie möglich auf »graue Theorie« zu verzichten.

EXKURS

Warum so viele Business-Präsentationen ihr Ziel verfehlen

»PowerPoint macht uns dumm.« (General James N. Mattis)

Business-Präsentationen finden sich heute wie selbstverständlich in nahezu allen Bereichen des beruflichen Lebens. Und nahezu überall richten sie das gleiche Unheil an. Bei vielen ist es fast schon wie ein Pawlow'scher Reflex: Sobald jemand den Beamer anwirft, schaltet das Hirn auf Durchzug. Schuld daran ist die Erwartungshaltung. Aufgrund negativer Erfahrungen glaubt man einfach nicht mehr an den positiven Effekt, der von der Business-Präsentation ausgehen sollte.

Und tatsächlich sind von der Unmenge an Folien nur die allerwenigsten wirklich die Zeit wert, die zu ihrem Studium verbraucht wird. Der Grund: Die meisten desinformieren und demotivieren uns mehr, statt zu informieren oder gar zu überzeugen. Wer kennt nicht jene erbarmungslos überfrachteten Folien? Diese endlosen Bulletpoint-Aufzählungen, garniert mit nichtssagenden Grafiken? Alberne Cliparts, die Selbstverständlichkeiten illustrieren oder Stichpunktwüsten, an denen sich Präsentatoren hilflos entlang hangeln.

Derart aufgeblasene und unstrukturierte Präsentationen verfehlen nicht nur ihr Ziel, den Adressaten zu informieren und zu überzeugen. Sie erwecken oft genug auch den Anschein, der Verfasser habe das Thema selbst nicht ausreichend durchdrungen, um es auf den Punkt zu bringen. Und mal ganz ehrlich: Ist es manchmal nicht auch wirklich zu verlockend, sich hinter dem schönen Schein der bunten Bilder zu verstecken, wenn einem der Stoff mal über den Kopf gewachsen ist?

EXKURS

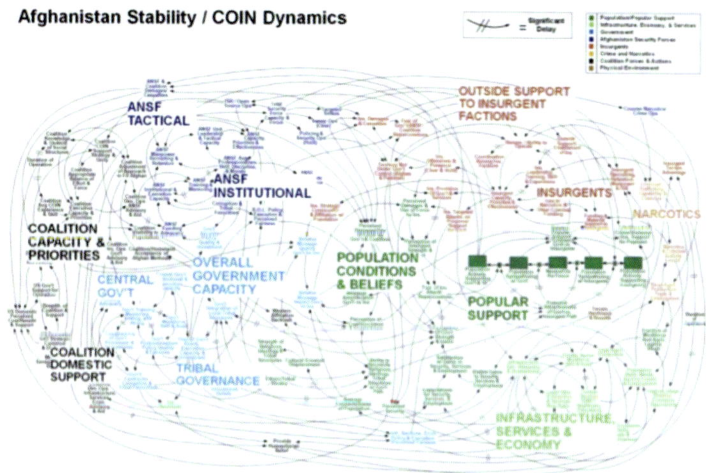

Ein plastisches Beispiel für diesen fatalen Umgang mit den Möglichkeiten von Präsentationen lieferte US-Brigadegeneral H.R. McMaster während einer Militärtagung: »It's dangerous because it can create the illusion of understanding and the illusion of control.« Die Illusion von Verständnis und Kontrolle – gerade im militärischen Bereich, wo Präsentationen mittlerweile wie andernorts breiten Raum einnehmen, kann sie schnell zum Verhängnis werden. Die Diskussion über Präsentationen schlug hohe Wellen: Ranghohe amerikanische Militärs äußerten die Befürchtung,

EXKURS

dass durch die Verwendung von Präsentationen Diskussionen, kritisches Denken und bedächtige Entscheidungen erstickt würden. Zudem würden Offiziere zu »Power-Point-Rangers« degradiert, deren Arbeitszeit im Afghanistan-Krieg größtenteils für die Erstellung von Präsentationen vergeudet werde. Was also ist das Problem? Vereinfacht könnte man es wohl so ausdrücken: Die notwendigen Informationen, die die Präsentationen liefern sollen, sind in Wahrheit Desinformation. Aber ist wirklich die Software daran schuld?

»When we understand that slide, we'll have won the war« (General Stanley A. McChrystal)

Es wäre wohl mehr als naiv, würde man der Software, also einem Medium beziehungsweise schlichten Hilfsmittel zur Kommunikation, die Verantwortung für die Misere zuschieben.

Vielmehr ist es der Umgang damit, der hier zum Scheitern des Kommunikationsprozesses führt – menschliches Versagen also. Die Offiziere in unserem Beispiel schaffen es offenbar nicht, ihre Informationen so zu strukturieren und auf ein verständliches Maß zu reduzieren, dass die Adressatenseite – Politiker, andere Militärs, die Öffentlichkeit – etwas damit anfangen kann. Das gleiche wäre vermutlich passiert, hätten die Herren gewöhnliche Reports geschrieben. Nur hätten diese nicht so vermeintlich »perfekt« ausgesehen und damit nicht die beschriebene Illusion von Kontrolle und Verständnis vermittelt.

GRUNDLAGEN STRUKTURIERTER KOMMUNIKATION

Kommunikation bedeutet Kongruenz

Um sich den **Prinzipien der strukturierten Kommunikation** zu nähern, sollten Sie zunächst einen kurzen Blick darauf werfen, wie Kommunikation prinzipiell funktioniert. Die Kommunikationswissenschaft hat sich der Grundlagen wiederholt gewidmet und eine Fülle von theoretischen Ansätzen und Kommunikationsmodellen entwickelt. Für das Basisverständnis soll an dieser Stelle jedoch nur das Grundmodell von Shannon & Weaver, welches 1972 entstand, mit seinen elementaren Erkenntnissen vorgestellt werden.

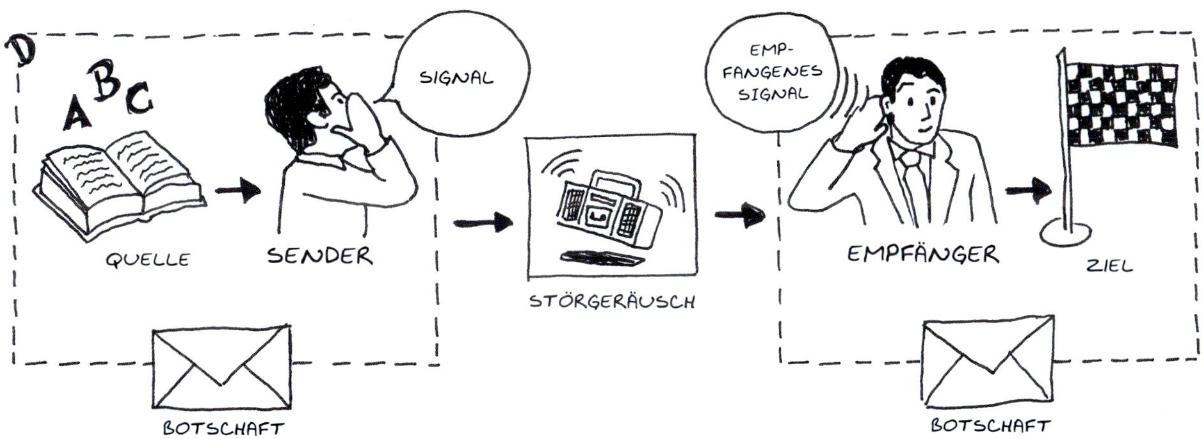

EXKURS

Das Kommunikationsmodell von Shannon & Weaver

Das Modell von Shannon & Weaver besteht aus sechs Elementen:

1. einem Sender bzw. einer Informationsquelle,
2. einer Verschlüsselung,
3. einer Botschaft,
4. einem Kanal bzw. einem Medium,
5. einer Entschlüsselung und
6. einem Adressaten.

Für den Kommunikationsprozess schickt also der Sender über ein Medium eine kodierte Botschaft an den Adressaten, der diese wiederum entschlüsseln muss. Stimmen gesendete und empfangene Nachricht überein, ist sie problemlos übertragen und entschlüsselt worden: Es findet eine reibungslose Kommunikation statt. So rudimentär und defizitbehaftet dieses Modell auch sein mag, macht es doch zumindest eines sehr deutlich: **Der Adressat trägt die Bürde der »Dechiffrierung«, d. h. er muss die Botschaft entschlüsseln.** Übertragen Sie diesen Gedanken auf die berufliche Kommunikation, insbesondere die Business-Präsentation, dann wird schnell klar, dass hier das Hauptproblem zu verorten ist: Inhalte, die nicht auf Anhieb eindeutig verständlich sind, laden gerade dazu ein, missverstanden oder gänzlich ignoriert zu werden. Die Folgen sind ebenso eindeutig: Ihre Adressaten sind bestenfalls gelangweilt und »schalten ab«, im ungünstigsten Falle werden Ihre Informationen zu Ihrem Nachteil ausgelegt. In jedem Falle werden Sie jedoch mit Ihren Botschaften scheitern.

EXKURS

Eine weitere Komponente kann die Kommunikation zudem (negativ) beeinflussen: die Störquelle. Ursprünglich sollte das Modell von Shannon & Weaver die Kommunikation des amerikanischen Militärs optimieren. Damals hatte der Begriff »noise source« daher vor allem eine technische Bedeutung. Es ging um eine Störquelle im physikalischen Sinne. Heute jedoch können Sie die Störung auch im übertragenen Sinne verstehen. Etwa in Gestalt abweichender, konkurrierender Informationsangebote oder insbesondere dem Problem, dass sich die verbalen Möglichkeiten von Sender und Adressat nicht decken.

Sender und Adressat müssen dieselbe Sprache sprechen, um kommunizieren zu können. Und das Ist ganz wörtlich zu nehmen. Nicht nur die gleiche Verkehrssprache ist entscheidend, auch Performanz, der Sprachgebrauch, das Verständnis der Begrifflichkeiten müssen übereinstimmen. Anders ausgedrückt: Der Sender muss schon im Vorfeld den Adressaten und dessen Determinanten genau kennen, um ihn mit seinen Botschaften zu erreichen.

Es geht hier um die Frage nach der Zielgruppe im Allgemeinen. Welches generelle Verständnis kann man bei ihr voraussetzen? Welches Verständnis der Situation im Speziellen darf man erwarten? Denn neben der sprachlichen Kompetenz ist auch eine gemeinsame Wissensbasis von Bedeutung. Sowohl der Sender als auch der Adressat greifen auf eine »knowledge base« zurück, mit deren Hilfe sie die Botschaften in einem kognitiven Prozess ver- bzw. entschlüsseln. Weichen diese Datenbanken signifikant voneinander ab, ist die Kommunikation empfindlich gestört, wenn nicht gar unmöglich. Sie können also nicht immer davon ausgehen, dass der Adressat Ihre Informationen genauso interpretiert wie Sie.

EXKURS

Neben dem gesprochenen Wort machen auch implizite Botschaften — nonverbale Aspekte wie Gestik, Mimik oder Körpersprache — einen wesentlichen Teil der Kommunikation aus. Vieles von dem, was Sie sagen, modulieren Sie beispielsweise mit Bewegungen oder einem speziellen Gesichtsausdruck, was das Gesagte unter Umständen erst verständlich macht. Diese flankierenden Kommunikationsmöglichkeiten haben Sie in der schriftlichen Kommunikation nicht, sodass diese umso eindeutiger sein muss. Für eine Business-Präsentation, einen Bericht oder eine E-Mail bedeutet das: **Die Gedanken müssen absolut logisch nachvollziehbar strukturiert, die Worte präzise gewählt werden.**

TRIANGOLOGIE

Soweit die Theorie. Aber was kennzeichnet nun effektive Kommunikation in der Praxis? Was brauchen Sie speziell im Job dafür? Es sind im Wesentlichen drei Elemente, welche die effektive Vermittlung von Botschaften bestimmen:

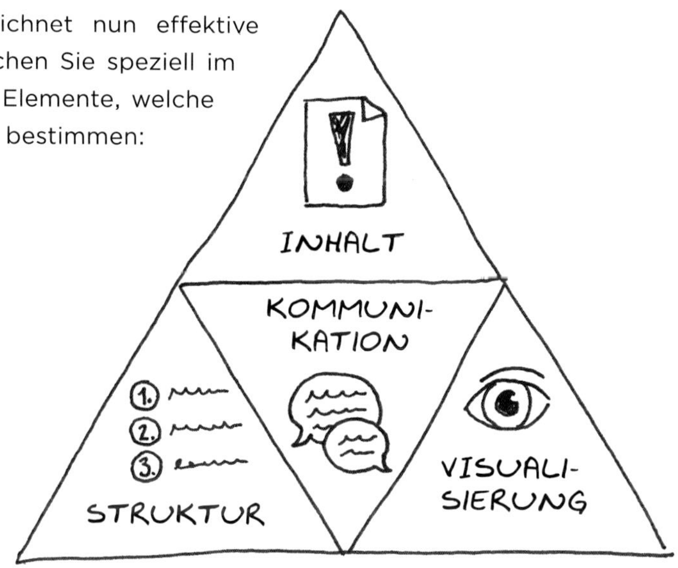

KOMMUNIKATIONS-TRIANGOLOGIE

Das ist Ihr Part

»Klar«, werden Sie sagen, *»einen Inhalt habe ich doch sowieso, sonst würde ich ja nicht kommunizieren.«* Aber leider ist das nicht immer selbstverständlich. Wie wir immer wieder feststellen, liegt ein häufiger Fehler der beruflichen Kommunikation schon darin, dass es an der inhaltlichen Tiefe und Bedeutsamkeit mangelt. Viele »Kommunikatoren« haben eigentlich gar nichts Konkretes zu sagen und stehlen uns schlichtweg kostbare Zeit.

»Fakten« heißt daher hier das Schlüsselwort. Klopfen Sie Ihren Inhalt gezielt darauf ab. Ist Ihr Beitrag hinreichend durch nachprüfbare Argumente gedeckt? Ist die innere, inhaltliche Logik gewährleistet? Bieten Sie dem Adressaten etwas Neues? Können Sie ihn vielleicht sogar überraschen?

Adäquater Inhalt zeichnet sich vor allem aus durch Relevanz, also Bedeutsamkeit. Zudem muss er hinreichend verdichtet, das heißt nicht aus- und abschweifend sein. Und die kommunizierten Inhalte sollten natürlich in sich schlüssig sein.

2. STRUKTUR

Bei der Entwicklung der Struktur hilft Ihnen das Buch mit den Schritten 1 bis 6

Die richtige Struktur ist der Schlüssel zum Erfolg. Nur durch sie können die einzelnen Inhalte so aufbereitet werden, dass sie ihre Wirkung voll entfalten können. Sie ist daher so essentiell wie der eigentliche Inhalt. Im Mittelpunkt steht hier die Frage nach der zentralen Aussage. Der gesamte Inhalt – sei er auch noch so komplex – ist auf eine Kernbotschaft zu reduzieren, welche den Ausgangspunkt der gesamten Argumentation darstellt.

Unterstützt und abgesichert wird diese Kernbotschaft durch eine logisch aufgebaute Verästelung der einzelnen Argumente. Nur so erhalten Sie das erforderliche Maß an Klarheit, Selbsterklärung und logischer Unverwundbarkeit. Nur so werden Gedanken wirklich klar und konsequent geordnet.

Mit der geeigneten Struktur schaffen Sie die Grundlage für das Verständnis Ihrer Argumente. Daher gebührt ihr die größtmögliche Aufmerksamkeit. Unsere nachfolgend beschriebene Methode widmet sich daher auch zu einem großen Teil diesem Prozess der logischen Durchdringung als Grundlage für eine verständliche Kommunikation. Nur wenn Sie selber die Gedanken klar im Kopf sortiert haben, können Sie überzeugend kommunizieren.

3. VISUALISIERUNG

Zur Visualisierung bekommen Sie in diesem Buch sinnvolle Tipps in den Schritten 7 bis 8

Ein dritter Baustein trägt neben der sprachlichen und logischen Präzision zum Gelingen Ihrer kommunikativen Bemühungen bei: die Visualisierung. So wie wir bei der mündlichen Kommunikation, also im Gespräch, unsere Worte mit Gestik und Mimik unterstreichen, so können wir die schriftliche Kommunikation mit visuellen Elementen unterstützen. Dies beginnt mit typografischen Akzenten, die der Gliederung dienen und etwa bestimmte Gedanken betonen oder Worte bzw. Zeichenfolgen verständlicher machen.

Insbesondere aber bei der Business-Präsentation mit den modernen Softwaretools stehen uns hier noch weit mehr Möglichkeiten zur Verfügung: Grafiken, Diagramme und Illustrationen bringen Gedanken, Argumente und logische Sequenzen häufig wesentlich schneller und einfacher begreiflich auf den Punkt, als Sprache dies vermag. Oder wie es landläufig heißt: »Ein Bild sagt mehr als 1.000 Worte.«
Voraussetzungen sind jedoch auch hier Klarheit und Sinnhaftigkeit der Abbildungen.

Bitte folgen Sie uns nun in die Methodik: In acht Schritten werden wir Sie zur fertigen Business-Präsentation leiten. In jedem Schritt finden Sie Theorie und Praxis anhand eines durchgängigen Fallbeispiels miteinander verknüpft.

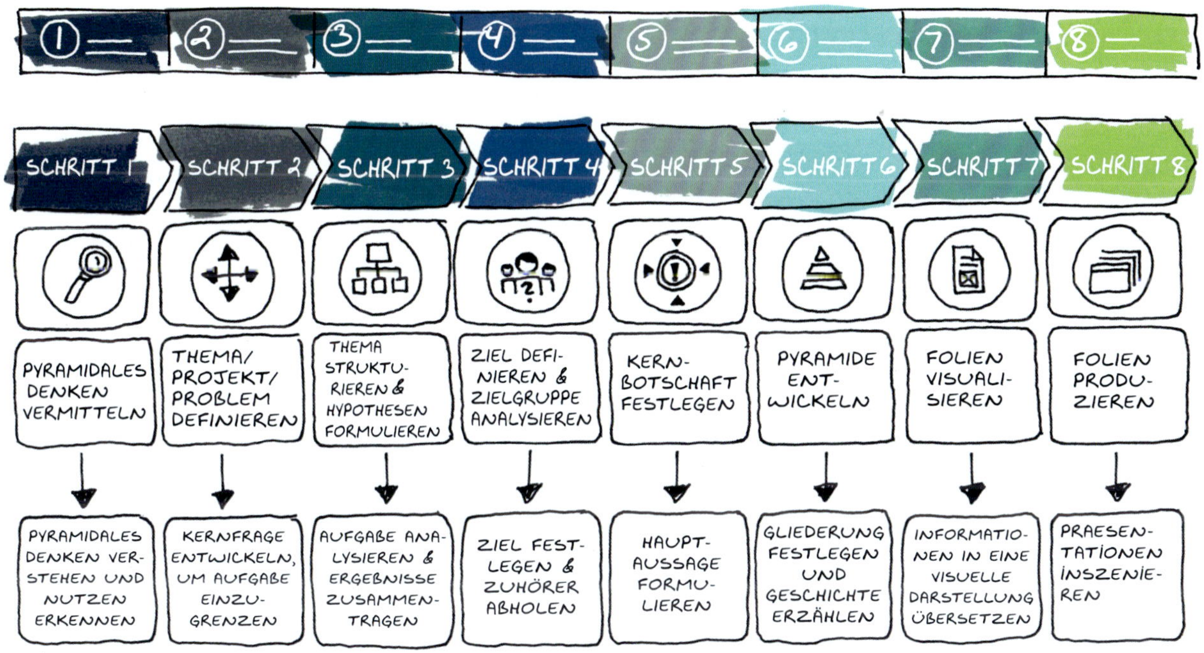

Die Schritte 1 bis 3 dienen Ihrer Vorbereitung. Ab Schritt 4 beginnt die eigentliche Arbeit an der Präsentation.

DIE PYRAMIDE VERSTEHEN — STELLEN SIE IHRE ARGUMENTATION AUF EINE FESTE BASIS

» ALLES FÜRCHTET SICH VOR DER ZEIT,
ABER DIE ZEIT FÜRCHTET SICH VOR DEN PYRAMIDEN.«

AUS ÄGYPTEN

PYRAMIDEN – DIE STABILSTEN BAUWERKE DER WELT

Seit über 4.000 Jahren faszinieren die Pyramiden von Gizeh die Menschheit. Die gewaltigen Grabstätten der Pharaonen beeindrucken nicht nur durch ihre Größe und ihre Architektur. Auch ihre Stabilität ist einzigartig. Sie sind das einzige der sieben Weltwunder der Antike, das noch erhalten ist. Und das liegt nicht zuletzt an ihrer Bauart. Jeder der gewaltigen Steine ruht auf mindestens zwei anderen Steinen. Kein Sturm, kein Unwetter vermag diesem Konstrukt etwas anzuhaben – geschweige denn, es umzuwerfen.

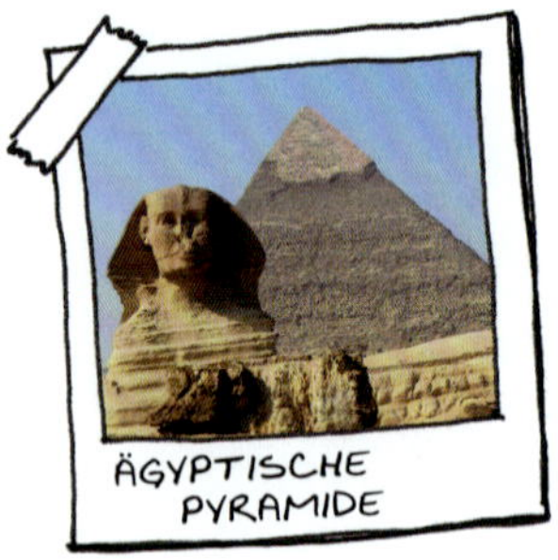

ÄGYPTISCHE PYRAMIDE

Und genau ebenjenes Bauprinzip wollen wir uns beim Aufbau unserer Argumentation zunutze machen. Auch Ihr **Argumentationsgerüst soll so stabil werden wie eine ägyptische Pyramide,** um das Ziel Ihrer Kommunikation zu erreichen.

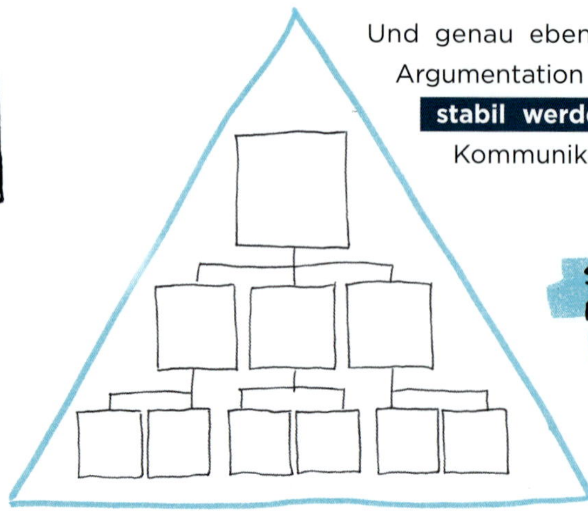

STABILES ARGUMENTATIONS-GERÜST

ZUSPITZUNG AUF DAS WESENTLICHE

Das pyramidale Prinzip verdanken wir der Amerikanerin Barbara Minto. Um die Kommunikationsfähigkeiten ihrer Kollegen zu verbessern, entwickelte die damalige McKinsey-Beraterin Ende der 60er-Jahre die Grundlagen des pyramidalen Denkens. Seitdem wurde diese Arbeitstechnik zur weltweit anerkannten Methode für die Sortierung großer Informationsmengen und die pointierte, einfache Darstellung der zentralen Inhalte. Kurz: Sie ist **der bewährte Schlüssel** zur Struktur.

Was ist nun das Besondere, das Revolutionäre an der Pyramide?
Offensichtlich sind Kommunikationsinhalte einfacher verständlich, wenn die wichtigen Inhalte gleich zu Beginn genannt werden. Diese Erkenntnis ist unabhängig von jeglicher Präsentationssoftware, die es in den 60er-Jahren noch nicht gab.

MISS MARPLE VERSUS COLUMBO

Schauen Sie doch einmal zurück auf Ihre eigene Entwicklung: Wie haben Sie schriftliches Kommunizieren und das Strukturieren Ihrer Inhalte gelernt? Bereits in der Schule galt es, einen Sachverhalt erst gründlich aufzurollen, ein Problem aus allen Perspektiven zu beleuchten, bis Sie dann schließlich nach vielen Seiten zum Ergebnis kamen. Auch in der Folgezeit, während Ihrer Ausbildung, verfolgten Sie stets den wissenschaftlichen Ansatz: Zuerst kamen die allgemeinen Theorien, erst dann wurden – auf deren Grundlage – die speziellen Erkenntnisse abgeleitet. **»Deduktiv«** nennt die Logik diesen Schluss vom Allgemeinen auf das Besondere, aus vielen Einzelbeobachtungen wird die Schlussfolgerung abgeleitet – wir nennen es das »Miss-Marple-Prinzip«.

In den gleichnamigen Krimis mit der schrulligen alten Dame bekommt man als Zuschauer zuerst die Leiche präsentiert. Ganz oben steht also ein Rätsel. Dank Miss Marple wird dann Stück für Stück mit viel Raffinesse eine Erkenntnis- und Beweiskette aufgebaut, mit deren Hilfe schließlich der Täter überführt wird. Das Ergebnis – die große Erkenntnis – steht also am Ende. Stellen Sie sich diese Struktur einmal bildlich vor, erhalten Sie eine Trichterform. Je weiter Sie im Fall fortschreiten, umso konzentrierter und spezieller werden die Informationen, die Informationsdichte wird also zum Ende hin immer höher. Dieses Verfahren wird oft auch als **»Bottom-up«** bezeichnet, denn die Thematik wird von der Faktenbasis, also vom Boden her aufgerollt.

Beim deduktiven Vorgehen werden also zuerst schrittweise alle Argumente auf den Tisch gelegt, bevor man zum Ergebnis kommt. Diese Methode ist für wissenschaftliche Abhandlungen unerlässlich, verschafft sie doch einen umfassenden Überblick über die Herangehensweise des Verfassers und Transparenz hinsichtlich der zugrunde gelegten Fakten.

Betrachten Sie dagegen den überwiegenden Anteil des Informationstransfers im Büroalltag, so stellen Sie fest, dass es hierbei vor allem auf schnelle und fokussierte Übermittlung ankommt.

Deduktiv angelegte Darstellungen dürften folglich für diese Art der Kommunikation weniger geeignet sein, da Zeit benötigt wird, um zur zentralen Aussage zu gelangen. Zudem wäre das Risiko zu groß, die Adressaten in der Fülle der vorgelagerten Argumentation zu »ersticken« – insbesondere beim flüchtigen Lesen, das Sie sicherlich nur zu gut kennen.

INSPEKTOR COLUMBO

Das Gegenteil von deduktiv ist **induktiv.** Und das Gegenteil von Miss Marple ist Inspektor Columbo. Das »Columbo-Prinzip« funktioniert also genau diametral: In den Streifen des Kult-Inspektors werden zuerst Mord und Mörder gezeigt, das Ergebnis (der Täter) ist also von Anfang an klar. Erst dann führen die Ermittlungen peu à peu zu den Hintergründen der Tat.

Beim induktiven Verfahren wird aus einer Reihe von beobachteten Sachverhalten, Fakten und Theorien ein Schluss gezogen, der gleichsam als Obersatz vorangestellt wird. Anders formuliert: Hier steht die Hypothese, die Erkenntnis bzw. das Ergebnis ganz oben. Erst dann folgen die einzelnen Grundlagen, Einzelbeobachtungen, auf denen diese Erkenntnis fußt.

Wenn Sie dieses Modell bildlich darstellen, erhalten Sie eine Pyramide. Deren Spitze ist die Kernaussage, von der aus die Argumente — **»Top-down«** — nach unten entwickelt werden.

Sie ahnen es schon: Letzteres ist ungleich besser geeignet, um die wesentlichen Erkenntnisse schnell und deutlich zu kommunizieren. **Ohne Umschweife starten Sie direkt mit Ihrer Kernaussage und erläutern dann, wie Sie zu dem Ergebnis gekommen sind.** Dieses Vorgehen hat eine Reihe von Vorteilen:

→ Das Wichtigste steht am Anfang. Am Anfang ist die Aufmerksamkeit und Neugierde am größten, die Sie mit der Kernbotschaft — adressatengerecht formuliert — befriedigen. Selbst wenn anschließend die

Aufmerksamkeit der Adressaten aus irgendeinem Grunde verloren gehen sollte, Ihre Kernaussage ist getätigt.

- → Ihr Publikum wird versuchen, alle Informationen, die Sie ihm mitteilen, in einen logischen Zusammenhang zu bringen. Wenn Sie daher gleich zu Beginn mitteilen, worum es eigentlich geht, wird es die nachfolgenden Argumente viel besser nachvollziehen können. Fangen Sie jedoch bei irgendeiner Beobachtung oder Einzelthese an, dann geht der komplexe Zusammenhang möglicherweise verloren.
- → In jeder Argumentationsebene ergeben sich neue Fragen, die Sie sogleich auf der nächsttieferen Ebene beantworten – es gibt also keine logischen Brüche.
- → Die Pyramide kann jederzeit und an jeder Stelle »abgeschnitten« werden.

Beispielhaft würde nach dem induktiven Verfahren unser logisches Gerüst etwa wie folgt aussehen: »Unsere Empfehlung lautet XY, und unsere Gründe dafür sind: ›Erstens ... zweitens ... drittens ... ‹« Damit kann der Zuhörer jeden einzelnen Grund sofort darauf hin abklopfen, ob er die gegebene Empfehlung tatsächlich untermauert.

Deduktiv würde der Aufbau so aussehen: »Wir haben Folgendes festgestellt: ›Erstens ... zweitens ... drittens ... Deshalb empfehlen wir XY.‹« Dann müsste der Zuhörer sämtliche Argumente im Kopf behalten, denn erst wenn er die Empfehlung kennt, kann er überprüfen, ob die Argumente sie tatsächlich stützen.

Wir wollen nicht dogmatisch klingen, aber favorisieren für jede Form der beruflichen Kommunikation ganz klar das Columbo-Prinzip. Die Zeit ist für jeden Adressaten das kostbarste Gut und deshalb sollten Sie sparsam mit der Zeit Ihrer Rezipienten – gleich welcher Hierarchieebene – umgehen. Wenn Sie dieses »CEO-Treatment« allen zuteil werden lassen, dann wird Ihre positive Reputation weiter steigen und Ihre Karriere weiter an Fahrt gewinnen.

DAS »110-PRINZIP«

Versetzen Sie sich in eine Notfallsituation: Sie kommen zu einem Unfall, ein Radfahrer liegt verletzt auf der Straße, Ersthelfer sind natürlich zur Stelle. Sie wählen die »110«, um professionelle Hilfe zu holen. Was werden Sie sagen? Sicherlich nicht: *»Gegen 22:30 Uhr befuhr ein Pkw-Fahrer die Goethestraße in Richtung Hauptbahnhof. Wahrscheinlich war er zu schnell unterwegs, sodass es an der Kreuzung Schillerstraße infolge der Unachtsamkeit des Autofahrers zu einem Zusammenstoß mit einem Radfahrer kam, infolgedessen dieser stürzte und nun vermutlich eine Schädelfraktur hat und ärztlicher Hilfe bedarf ...«* Nein, Sie sagen: *»Unfall in der Goethestraße, Ecke Schillerstraße ... ein verletzter Radfahrer ... Kopfblutung ... brauchen Notarzt ...«*

Das Wichtigste kommt zuerst – diese so einfach scheinende Weisheit ist eine der zentralen Aussagen des pyramidalen Prinzips.

Ganz selbstverständlich wird es zum Beispiel im Nachrichtenjournalismus genutzt. Schauen Sie sich die Meldungen und Berichte in Ihrer Zeitung an: Sie werden immer mit denso genannten »Fünf W« eingeleitet: Wer? Was? Wann? Wie? Wo? Die Antworten auf diese Fragen bilden das (Minimal-) Gerüst einer jeden Meldung. Sollte danach die Kommunikation abreißen, etwa, weil der Adressat nicht mehr weiterliest, wurde zumindest die Kernbotschaft vermittelt: *»Der Bundeswirtschaftsminister trifft sich heute in Berlin mit dem französischen Amtskollegen, um über ein gemeinsames Vorgehen in der Wirtschaftskrise zu beraten.«*

TRENNUNG VON DENK- UND SCHREIBPROZESS

Die Strukturierung Ihrer Aufgabenstellung, der **Denkprozess (»grübeln«)** also, erfolgt in der Regel nach dem Bottom-up-Prinzip. Damit analysieren Sie Ihr Problem von unten nach oben auf der Basis Ihrer Hypothesen. Sie beginnen — wie im Schulaufsatz — zunächst damit, all Ihre Fakten und Argumente zu sortieren und verdichten sie zur Kernbotschaft. Durch diesen »Explore« -Prozess werden Sie gezwungen, sich mit der Materie grundlegend auseinanderzusetzen.

Der **Schreibprozess (»dübeln«)** sollte nicht parallel, sondern im Anschluss an den Denkprozess erfolgen. Dieser kann dann top-down oder bottom-up erfolgen. Wir empfehlen die Kommunikation der Erkenntnisse am Anfang. Filtern Sie die Kernbotschaft heraus und begründen Sie Ihre Argumentation anschließend top-down (»Explainprozess«).

Sehr plastisch führen dies etwa die Juristen vor Augen: Sie verfügen über zwei Arten, das Ergebnis ihrer Arbeit zu präsentieren: **Den Gutachtenstil auf der einen Seite und den Urteilsstil auf der anderen.**

Um in der Vorbereitung ein Problem juristisch zu lösen, erstellen Sie ein Gutachten. In diesem subsumieren Sie den Sachverhalt unter die in Frage kommenden Tatbestände und klären somit erst einmal alle relevanten Fakten, auf deren Grundlage Sie schließlich zu einer juristischen Bewertung des Problems kommen. Das Ergebnis wird also deduziert, um den Lösungsweg zu verdeutlichen. Hilfreich ist dies nicht nur für den Verfasser selbst, sondern etwa auch für Dritte, die die Lösung nachvollziehen wollen (oder müssen).

Ganz anders der Urteilsstil des Richters: Hier wird zunächst das Urteil verkündet – die Lösung steht also am Anfang: »Im Namen des Volkes ergeht folgendes Urteil ...« Schließlich interessiert den Delinquenten auf der Anklagebank ja in erster Linie, was auf ihn zukommt – Sushi oder fünf Jahre Anstaltskost.

Erst nach der Verkündung des Tenors mit dem Strafmaß bzw. den Rechtsfolgen kommen die Entscheidungsgründe auf den Tisch – der juristische Hintergrund. Im Urteilsstil schaltet der Jurist also um – vom erforschenden, deduktiven auf den verkündenden, induktiven Modus.

Fazit: In Abhängigkeit von Ziel und Zielgruppe werden Sie mal die eine, mal die andere Arbeitsweise verwenden – schließlich macht es einen gewaltigen Unterschied, ob Sie Experten eine komplexe Lösungsstruktur oder Entscheidern ein kompaktes Fazit vermitteln wollen.

Nach unserer Erfahrung läuft ein Großteil der Geschäftskommunikation nach dem deduktiven Prinzip ab: Erst kommen die Fakten, dann das Ergebnis. **Wir wollen Sie dazu ermuntern, vermehrt den induktiven Ansatz in Erwägung zu ziehen. Ihr Publikum und vor allem Ihre Adressaten werden es Ihnen danken. Denn mit der Top-Down Kommunikation wird das menschliche Gehirn, mit seiner limitierten Kapazität, besser angesprochen.**

ZUSAMMENFASSUNG

Das pyramidale Prinzip ist eine bewährte Methode zur Sortierung und Kommunikation komplexer Sachverhalte.

Im Einzelnen ergeben sich folgende Erkenntnisse:

- *Das Wichtigste kommt zuerst.*
- *Das pyramidale Prinzip trennt den Denk- vom Schreibprozess.*
- *Aussagen/Fragen auf einer Abstraktionsebene bilden stets die Aggregation der Aussagen auf der darunter befindlichen Ebene.*

DIE AUFGABE DEFINIEREN — FORMULIEREN SIE IHRE KERNFRAGE

» EIN PROBLEM IST HALB GELÖST, WENN ES KLAR FORMULIERT IST.«

JOHN DEWEY, AMERIKANISCHER PHILOSOPH

IHRE GEDANKEN BRAUCHEN PLATZ

Ihr Rechner ist hoffentlich ausgeschaltet. Ist er doch, oder? Wenn nicht, dann wird es höchste Zeit, das nachzuholen – die nun folgenden Schritte sind nämlich reine Kopfarbeit. Unsere Erfahrung zeigt, dass der Computer dabei weitaus mehr stört als hilft. Wer glaubt, seine Gedanken direkt in einer Business-Präsentationssoftware »druckreif« niederschreiben zu können, der irrt gewaltig.

Wir empfehlen daher unbedingt echtes »Old-School«-Instrumentarium. Stift und Papier – das hat nicht nur eine ganz besondere Haptik, sondern befreit auch Ihren Geist. Die Software zwängt meist schon in ein formales Korsett und gaukelt vermeintliche Ordnung und Perfektion vor. Bleiben Sie lieber kreativ.

KERNFRAGE – DER ZENTRALE ANKERPUNKT

Sie wollen nun also Ihre Aufgabenstellung definieren, indem Sie eine Kernfrage herauskristallisieren, und damit ist wirklich nur eine einzige gemeint. Mit diesem ersten Schritt wird sichergestellt, dass Ihnen **das Problem bzw. die Aufgabe klar geworden ist** und das Ziel dadurch herausgearbeitet werden kann. Zugleich dient die Kernfrage als Ausgangspunkt für die logische Gliederung.

Warum gibt es nur eine Kernfrage? Weil später auch nur eine Kernbotschaft formuliert werden soll. Genau dieser implizite Antwortreflex ist die Stärke der Kernfrage zu Beginn: Sie präzisiert das Thema der Kommunikation und schafft die Voraussetzung für die spätere Beschreibung nur einer Kernbotschaft.

EINE KERNFRAGE = EINE KERNBOTSCHAFT

Die präzise Formulierung der Kernfrage ist daher die wichtigste Voraussetzung für die Beherrschung des Themas und Eingrenzung seines Umfangs. Sie ist insofern nur ein Hilfsmittel, da nicht die Frage, sondern später die Antwort kommuniziert wird. Nutzen Sie diese Methodik also ganz allein für sich oder im Team, um nachfolgend zu interessanten Erkenntnissen bzw. Antworten zu kommen.

Eine starke Kernfrage zeichnet sich durch folgende Merkmale aus:

1. Sie ist einfach, d. h. eine nicht zusammengesetzte Frage.
2. Sie ist deutlich, akkurat und offen formuliert.
3. Sie zieht die Aufmerksamkeit auf die wichtigsten Themen — welche Frage soll die Analyse beantworten?
4. Sie adressiert die Notwendigkeit der Veränderung.
5. Sie verwendet das richtige Fragewort: »Wie«, »was« oder »warum« sind hier empfehlenswert.

Beachten Sie bei der Formulierung Ihrer Kernfrage, dass unterschiedliche Fragewörter unterschiedlich starke Antworten hervorrufen. Ein »Was« wird in aller Regel eher beschreibende Antworten ergeben, wohingegen ein »Warum« oder »Wie« noch weiter in die Tiefe führen können. **Schon durch die Wahl des Frageworts definieren Sie den späteren Mehrwert Ihrer Antwort.** Im Interesse einer möglichst detaillierten und sauberen Problemlösung empfiehlt sich also immer das Experimentieren mit unterschiedlichen Fragen und Fragewörtern.

Die starke Kernfrage fällt ihrer Bedeutung entsprechend leider nicht »vom Himmel«, sondern bedarf der klugen Erarbeitung. Daher macht es Sinn, sich kurz mit zwei wesentlichen Einflussgrößen auseinanderzusetzen: Der mit der Aufgabenstellung verbundenen Ausgangssituation sowie den relevanten Herausforderungen.

DIE KERNFRAGE BASIERT AUF DER AUSGANGSSITUATION

Zunächst tragen Sie hierfür einige relevante Fakten zusammen, die die initiale Situation treffend und umfassend beschreiben. Wichtig ist, dass über diese Fakten allgemeiner Konsens herrscht. Betrachten Sie jeweils einen Fakt aus unterschiedlichen Perspektiven, z. B. aus innerbetrieblicher Sicht, aus Marktsicht, aus rechtlicher Sicht und aus technischer Sicht, aber belassen Sie es beim Beschreiben des Fakts beim ganzen vollständigen Satz, damit Sie eindeutig sind.

Paul ist ins Wasser gefallen. Das Wasser ist tief. Paul ist drei Jahre alt.

Häufig reichen drei bis fünf verschiedene Aspekte, um die Ausgangssituation, wohlgemerkt für sich selbst, nachvollziehbar aufzuschreiben und damit ein gutes »Fundament« für das nachfolgende Denkgerüst aufzubauen.

DIE KERNFRAGE BERÜCKSICHTIGT AUCH ETWAIGE HERAUSFORDERUNGEN UND PROBLEMSTELLUNGEN

Eine bloße Beschreibung der Ausgangssituation reicht nicht, um später einen spannenden Erkenntnisgewinn beim Publikum auszulösen. Es bedarf insbesondere eines Problems oder einer Herausforderung, die zu einer Frage führt und zur Beantwortung derselben motiviert. Es geht um Komplikationen, die die derzeitige Situation so verändern, dass sich konkrete Probleme und Aufgaben daraus ableiten.

»Paul kann nicht schwimmen«, lautet die Komplikation und damit gewinnt die Ausgangssituation eine ganz besondere Bedeutung.

Finden Sie aber selbst nach langem Nachdenken keine Herausforderung oder Problemstellung zum zu bearbeitenden Thema, dann verzichten Sie lieber auf eine Business-Präsentation. Das Ergebnis würde niemanden interessieren.

FORMULIERUNG DER KERNFRAGE

Ausgangssituation:
» Paul ist ins Wasser gefallen. Das Wasser ist tief. Paul ist 3 Jahre alt. «
Komplikation:
» Paul kann nicht schwimmen. «
Daraus ergibt sich folgende Kernfrage:
» Wie können wir Paul schnell aus dem Wasser retten? «

Aus Kenntnis der Situation und wesentlicher Komplikationen leitet sich also die eine Kernfrage relativ schnell und eindeutig ab. Wir empfehlen vor weiteren Bearbeitungsschritten eine Abstimmung der Kernfrage mit Ihrem Auftraggeber. Ist dies nicht möglich, überprüfen Sie, ob die Beantwortung der Kernfrage für Ihren späteren Adressaten relevant ist. Es ist wichtig, Formulierung und Umfang der Kernfrage exakt zu definieren, umreißt sie doch den konkreten Auftrag bzw. »neudeutsch« den Scope.

Für die Untersuchung des Markteintritts des Smartphone-Herstellers X (Ausgangssituation) gegen aggressive Wettbewerber (Komplikation) kann es folgende unterschiedlichen Kernfragen geben:

1. Wie kann X mit dem neuen Smartphone Y seinen Marktanteil in Europa steigern?
2. Wie kann X mit den neuen Android-Telefonen seinen Marktanteil in den nächsten drei Jahren steigern?
3. Wie kann X mit Mobiltelefonen seinen Marktanteil in den nächsten drei Jahren in Deutschland steigern?

Sie bemerken, dass die leichte Nuancierung hinsichtlich Produkt, Zeit und Raum ganz andere Ergebnisse (und Arbeitsaufwände) erfordern würde – gut also, wenn man Klarheit gleich zu Beginn schafft. Die Auftragsklärung durch die Formulierung einer Kernfrage vermeidet spätere Ineffizienzen, wenn die fertig erstellte Business-Präsentation die Erwartungen des Adressaten verfehlt. Durch eine frühzeitige Abstimmung der Kernfrage können die unzähligen Schleifen im Rahmen der Business-Präsentationserstellung reduziert werden.

Die saubere Eingrenzung am Anfang, die Sie mit der Kernfrage vornehmen, wird Ihnen bei jeder wie auch immer gearteten Analyse hilfreich sein. Häufig wird der Auftrag am Anfang nicht klar und eindeutig definiert (»Machen Sie mal eine Messe-Business-Präsentation über unser neues Produkt«), sodass Sie gar nicht wissen, in welche Richtung Sie eigentlich arbeiten müssen. Ergo vergeben Sie bestenfalls Aufgaben bereits in Frageform oder stimmen die formulierte Kernfrage mit Ihrem Auftraggeber ab, um unnötige Mehrarbeit und spätere Überraschungen zu vermeiden.

Formulieren Sie Ihre Arbeitsergebnisse als Satz aus, damit Sie und andere Teammitglieder auch später diese Informationen richtig verstehen. Ein bloßes Stichwort wie »Kosten« kann bedeuten »Kosten steigen«, »Kosten sinken«, »Kosten sind wichtig«, »Kosten waren wichtig«. Auch hier gilt es, selbsterklärend zu arbeiten.

CASE: HARRYS GOURMET-IMBISS

EINFÜHRUNG

Sie sind der Teilhaber und Geschäftsführer des Imbissstands »Harrys Gourmetimbiss« in der City. Sie verkaufen Currywürste, Bratwürste, Hamburger, Pommes und Softdrinks. Die Produkte sind beliebt, da schmackhaft und aus Bio-Produktion, die Preise liegen daher auf überdurchschnittlichem Niveau. Ihre Kunden sind zum größten Teil Angestellte aus den umliegenden Bürogebäuden als Laufkundschaft. Sie beziehen Premium-Zutaten der Bio-Fleischerei »Lucky Cow«, die Ihnen besonders schmackhafte Würste und Hackfleisch liefert, für die Ihr Imbissstand so bekannt und beliebt ist — die Einkaufspreise hierfür liegen jedoch um ca. 15% über dem Durchschnitt. Sie haben zwei fest angestellte Mitarbeiter und sind derzeit im Umkreis von einem Kilometer »Monopolist«, die Umsätze sind stabil. Demnächst wird jedoch in unmittelbarer Nähe die Schnellrestaurant-Filiale der beliebten Fast-Food-Kette »Burgermeister« eröffnet. Sie befürchten daher Umsatzeinbußen in unbekannter Höhe, Ihre Rentabilität könnte in Gefahr geraten. Ihre Bank erwartet nun von Ihnen ein Konzept, wie Sie Ihr kleines Unternehmen erfolgreich in die Zukunft führen können.

CASE: HARRYS GOURMETIMBISS - EINFÜHRUNG

Das Betriebsergebnis von Harry im aktuellen Wirtschaftsjahr 2017 (Ausgangspunkt für neue Strategie) sowie die durchschnittlichen Kennzahlen verschiedener Betriebstypen in der Gastronomie sehen wie folgt aus:

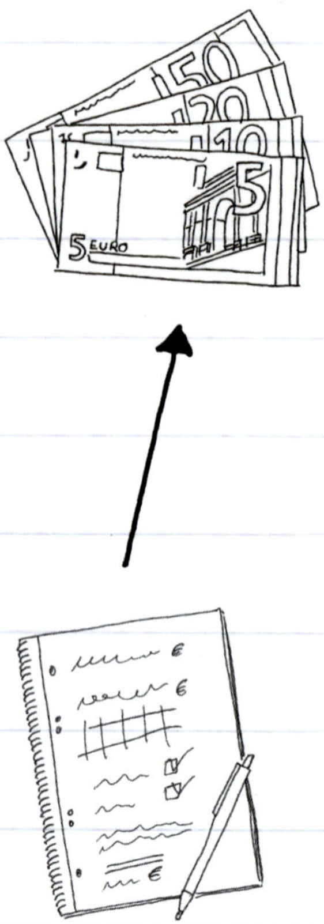

WIRTSCHAFTSJAHR 2017

UMSATZERLÖSE		289.686,98 EURO
WARENEINSATZ	35,0%	101.390,44 EURO
PERSONALAUFWAND	32,0%	92.699,83 EURO
ENERGIE	6,0%	17.381,22 EURO
BETR. STEUERN/GEB./BEITR./VERS.	2,1%	6.083,43 EURO
MARKETING UND VERKAUF	1,0%	2.896,87 EURO
VERWALTUNGSKOSTEN	2,0%	5.793,74 EURO
SUMME BETRIEBSBEDINGTE KOSTEN	78,1%	226.245,53 EURO
BETRIEBSERGEBNIS 1	21,9%	63.441,45 EURO
INSTANDHALTUNG / WARTUNG	1,5%	4.345,30 EURO
FREMDKAPITALZINSEN	0,3%	869,06 EURO
MIETE	11,0%	31.865,57 EURO
SUMME ANLAGEBEDINGTE KOSTEN	12,8%	37.079,93 EURO
BETRIEBSERGEBNIS 2	9,1%	26.361,52 EURO

DURCHSCHNITTLICHE KENNZAHLEN VERSCHIEDENER BETRIEBSTYPEN IN DER GASTRONOMIE

		TREND RESTAURANT	PIZZERIA	FEIN-SCHMECKER RESTAURANT	SPEZIALI-TÄTEN RESTAURANT	IMBISS	TRADITIO-NELLES RESTAURANT	BAR/PUB	FAST FOOD	CAFÉ
WARENAUFWAND	ANTEILE VOM UMSATZ IN %	27,0	23,0	30,0	28,0	30,0	29,0	21,0	27,0	28,0
PERSONALAUFWAND		23,0	25,0	29,0	27,0	26,0	25,0	27,0	24,0	25,0
MIETAUFWAND		9,5	10,2	7,1	8,3	8,5	9,8	8,4	7,7	10,2
BETRIEBSERGEBNIS 1		22,0	27,0	17,0	21,0	29,0	20,0	31,0	24,0	25,0
BETRIEBSERGEBNIS 2		11,5	16,1	8,5	9,2	18,4	9,8	19,7	12,3	12,6
UMSATZ JE KUNDE		14,50€	11,30€	22,30€	17,10€	6,20€	13,60€	10,60€	3,20€	6,00€

DIESE ZAHLEN SIND DURCHSCHNITTSWERTE.
SIE KÖNNEN IM EINZELFALL EXTREM ABWEICHEN.

HARRYS GOURMETIMBISS – LÖSUNGSVORSCHLAG ZU SCHRITT 2:

ZUR ERMITTLUNG EINER KERNFRAGE SORTIEREN SIE DIE INFORMATIONEN IN SITUATIVE UND PROBLEMATISIERENDE FAKTEN:

AUSGANGSSITUATION:

→ HARRY BIETET TYPISCHE IMBISSPRODUKTE HOHER QUALITÄT AN.
→ VERKAUF AN LAUF- UND STAMMKUNDSCHAFT.
→ EINZIGER ANBIETER IM UMKREIS VON 1 KM IN STARK FREQUENTIERTEM INNENSTADTBEREICH.

HERAUSFORDERUNGEN:

→ ERÖFFNUNG FASTFOOD-KETTENRESTAURANT GLEICH NEBENAN BEDINGT QUALITÄTS- UND PREISDIFFERENZIERUNG.
→ GASTRONOMIEKONZEPTE WERDEN ZUNEHMEND GANZHEITLICH DEFINIERT (ÜBER DAS PURE ESSEN HINAUS).
→ GERINGE KUNDENBINDUNG ÜBER STANDARDANGEBOT.

⇐ KERNFRAGE:
WIE KANN SICH HARRYS GOURMETIMBISS GEGENÜBER DEM NEUEN WETTBEWERBER DIFFERENZIEREN, UM SEINEN GEWINN MINDESTENS ZU HALTEN?

ZUSAMMENFASSUNG

Die Ermittlung einer einzigen Kernfrage bietet den Vorteil, auch nur eine einzige Antwort als Kernbotschaft der Kommunikation abzuleiten und damit das Verständnis für den Adressaten zu erleichtern. Die begründete Beantwortung der Kernfrage ist das Ziel der folgenden Methodikschritte.

Im Einzelnen bieten sich folgende Arbeitsschritte an:

① *Ermitteln Sie einige relevante Fakten zur Ausgangssituation sowie zur bestehenden Herausforderung.*

② *Formulieren Sie eine einzige Kernfrage, mit der Sie das konkrete Interesse des Adressaten versuchen zu antizipieren.*

③ *Stimmen Sie — wenn möglich — die Kernfrage mit einem etwaigen Auftraggeber ab, bevor Sie in die nächsten Schritte »investieren« bzw. vergeben Aufgabenstellungen an andere gleich in Frage-Form.*

DIE AUFGABE STRUKTURIEREN – DURCHDRINGEN SIE DAS THEMA

» ICH WEISS, DASS ICH NICHTS WEISS.
WIR HABEN KEINE ANTWORTEN,
WIR KÖNNEN NUR FRAGEN STELLEN.«

SOKRATES, GRIECHISCHER PHILOSOPH

ERKENNTNIS DURCH FRAGEN SCHAFFEN

Haben Sie Ihre Kernfrage gefunden, wollen Sie sie natürlich auch irgendwann beantwortet wissen. Das ist schließlich der Zweck der ganzen Übung. Doch langsam. Bevor Sie zur Antwort gelangen, sollten Sie sich weitere spannende Fragen stellen. Im Job sind wir bekanntlich auf Lösungen und Antworten konditioniert. Wir wollen Ergebnisse. Und die möglichst schnell. Wir sind also permanent im Antwort-Modus, **vergessen dabei völlig das Fragen.** Bei einem solchen Verhalten laufen wir aber latent Gefahr, »zu kurz zu springen« und bekannte, falsche oder langweilige Antworten und Lösungsansätze zu produzieren. Schnelligkeit birgt zudem immer auch das Risiko von mangelnder Sorgfalt und Flüchtigkeitsfehlern.

Darüber hinaus ist es in der Regel nicht möglich, ad hoc eine sinnvolle, faktenbasierte Kernbotschaft auf eine Kernfrage zu finden. Meist ist die Kernfrage durchaus einfach, aber der Sachverhalt komplex. **Insofern müssen Sie die Kernfrage in kleinere Pakete aufteilen,** um eine bessere Durchdringung der Komplexität zu erzielen: Sie fragen einfach logisch weiter. Sie werfen dabei so lange immer weitere Fragen auf, bis keine Fragen mehr offen bleiben bzw. Sie mit einem überschaubaren Analyseaufwand die Fragen beantworten können. Das Ergebnis dieser Verfahrensweise ist ein sogenannter strukturierter Fragebaum, der dem eingangs beschriebenen pyramidalen Prinzip entspricht.

Beispiel eines strukturierten Fragebaums:

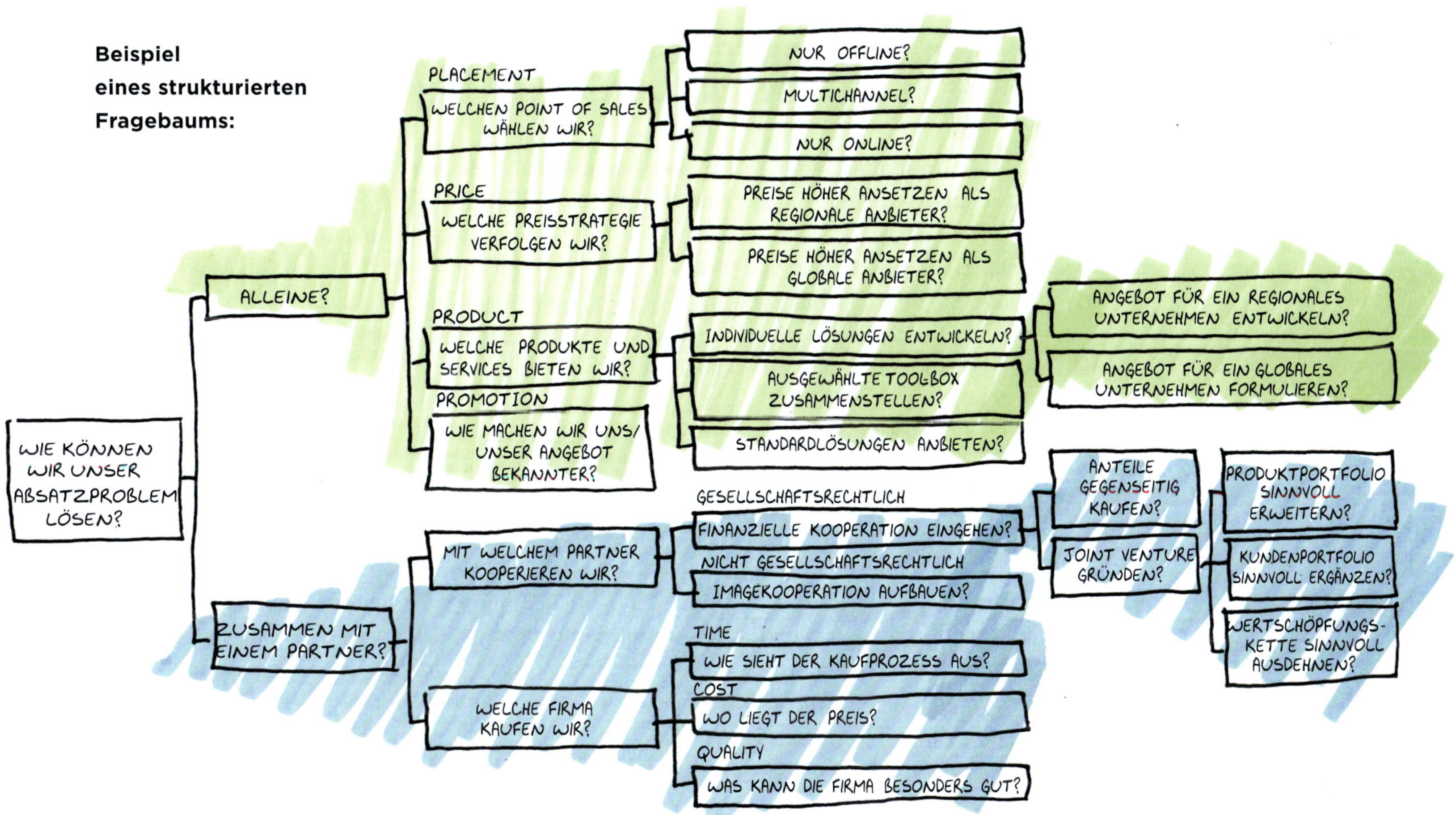

MIT DEM STRUKTURIERTEN FRAGEBAUM JEDE THEMENSTELLUNG IN DEN GRIFF BEKOMMEN

Beim Fragebaum repräsentiert jeder Zweig einen Aspekt in Form einer Frage, der seinerseits wieder in weitere Verästelungen mündet. Jeder logisch voneinander abgrenzbare Aspekt bzw. jede Teilfrage wird auf diese Weise wieder in neue Teilfragen zerlegt – eben so lange, bis Sie das Thema anhand von Fragen erschöpfend durchdrungen haben. Dabei sollten Sie immerfort überprüfen, ob die nachfolgenden Fragen Sie dem Ziel näher bringen, am Ende die Kernfrage beantworten zu können. Rein technisch empfehlen wir, eine maximale Anzahl von sieben Fragen pro Ast nicht zu übersteigen, da es sonst zu keiner handhabbaren Hierarchie in der Fragepyramide kommt.

Haben Sie sich mit dieser Fragetechnik erst einmal auseinandergesetzt, werden Sie erkennen, welch geradezu brachiale Kraft Fragen entfalten können. **Seien Sie sicher, auf keine andere Weise kommen Sie der kreativen Lösung Ihrer Aufgabenstellung (in vergleichbarer Präzision) näher.**

Eigentlich logisch, denn wie soll man eine gute Lösung entwickeln, ohne vorher intelligente Fragen gestellt zu haben? Nur Fragen fördern neue, spannende Erkenntnisse zutage und eröffnen völlig andere Sichtweisen. Fragen machen den Geist frei und lenken die Gedanken in alternative Bahnen, sie machen kreativ und offen für Neues. Sie werden sehen: Richtig und konsequent eingesetzt, wird Sie die Kraft der Frage zu ungeahnten Erkenntnissen führen – im besten philosophischen Sinne.

Mit dem Fragebaum entsteht eine logische Struktur: Sie haben Ihr Thema in Teilaspekte zerlegt, um sich für eine gute Vorbereitung alle relevanten Fragen zu stellen.

Bereits fünf Minuten Aufwand für die erste Ebene beim Fragebaum hilft, ganz schnell ein Thema für ein Telefonat oder ein Meeting zu strukturieren.

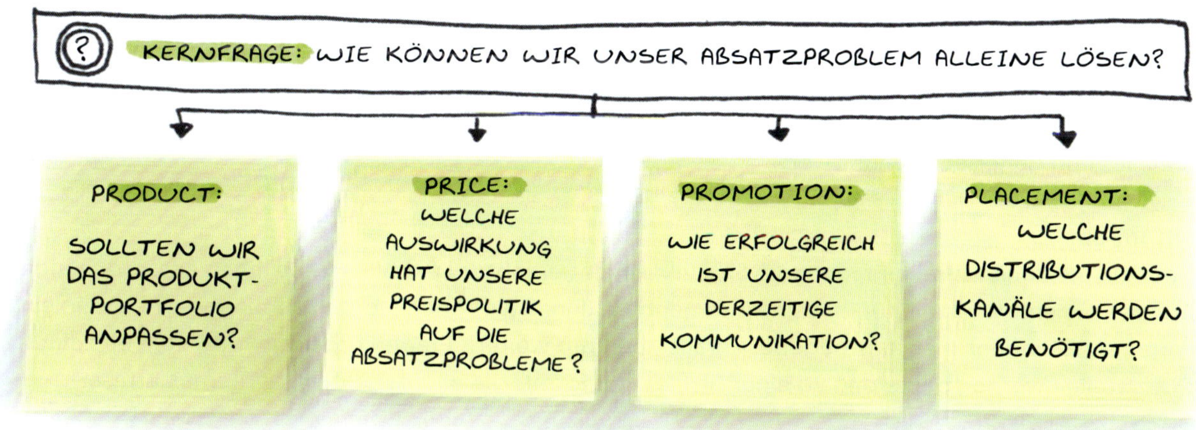

Beispiel für einen möglichen »Schnitt« auf der ersten Ebene, um die Kernfrage ganz flott innerhalb von wenigen Minuten zu strukturieren.

Selbstverständlich können Sie nun jede Frage wieder detaillieren, aber für ein Telefonat oder kurzes Meeting strahlen Sie mit der Struktur auf der ersten Ebene bereits Sicherheit und damit Souveränität aus. **Der strukturierte Fragebaum hilft Ihnen, ein noch so komplexes Problem in den Griff zu bekommen – anschließend schlafen Sie besser, versprochen.**

THEMENSTRUKTURIERUNG TOP-DOWN ODER BOTTOM-UP

Sie können die Struktur des Fragebaums entweder top-down oder bottom-up aufbauen.

Top-down:
Setzen Sie bei dieser Methode oben an, sodass Sie — ausgehend von der Kernfrage — immer weitere Fragen aufwerfen, bis Sie unten in den Details angekommen sind. »Unten« kann sehr unterschiedlich sein und hängt ab von der Wichtigkeit des Themas, den verfügbaren Ressourcen, der Zeit und der benötigten Sicherheit, die Sie erzielen möchten. Insofern ist diese Top-down-Vorgehensweise schneller und daher empfehlenswert.

Bottom-up:
Sammeln Sie zunächst alle Fragen, die Sie für relevant erachten und bilden aus ihnen entsprechende Gruppen (Themencluster) für einzelne Themenbereiche. Die Fragen werden somit sortiert und in ein Fragegerüst eingeordnet, das gegebenenfalls noch um weitere Fragen ergänzt wird — die einzelnen »Puzzleteile« werden peu à peu zu einer Struktur geformt, die alle Aspekte des Themas erfasst.

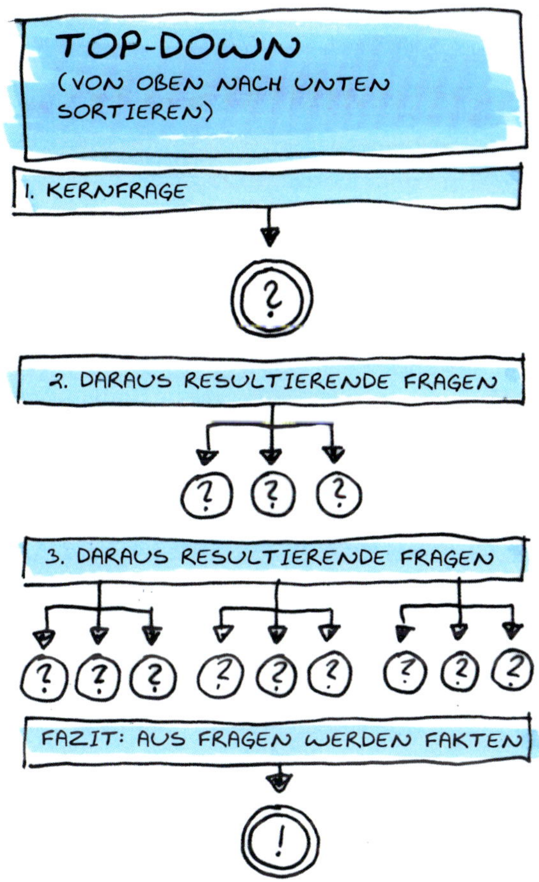
TOP-DOWN
(VON OBEN NACH UNTEN SORTIEREN)
1. KERNFRAGE
2. DARAUS RESULTIERENDE FRAGEN
3. DARAUS RESULTIERENDE FRAGEN
FAZIT: AUS FRAGEN WERDEN FAKTEN

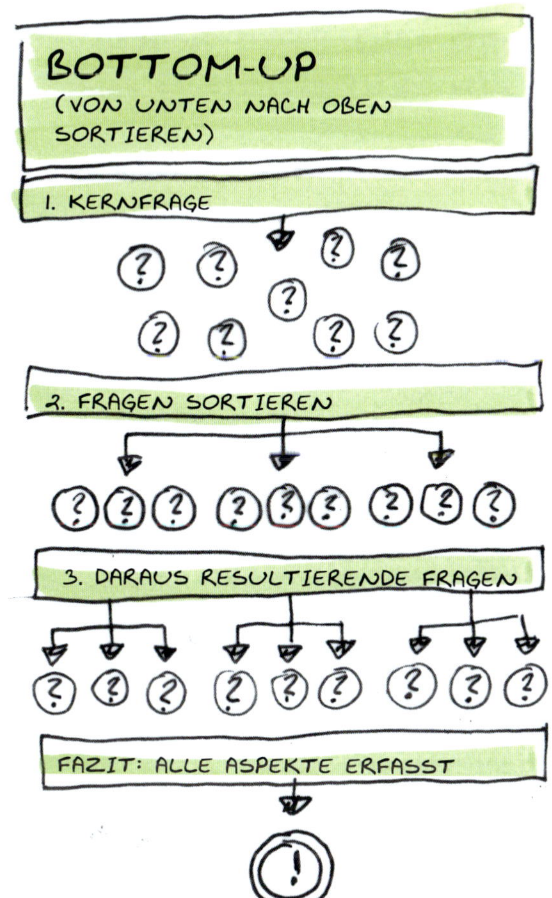
BOTTOM-UP
(VON UNTEN NACH OBEN SORTIEREN)
1. KERNFRAGE
2. FRAGEN SORTIEREN
3. DARAUS RESULTIERENDE FRAGEN
FAZIT: ALLE ASPEKTE ERFASST

DER »GOLDENE SCHNITT« ERMÖGLICHT DEN PERFEKTEN FRAGEBAUM

Es gibt eine Reihe von Möglichkeiten, einen Fragebaum logisch — idealerweise von oben nach unten — zu entwickeln. Man spricht hierbei vom **»Goldenen Schnitt«,** mit dem man eine Frage in immer neue Teilfragen »zerlegt«.

Die meisten »Schnitte« ergeben sich aus der zwingenden Logik der übergeordneten Frage. Die Frage: *»Wie bekomme ich einen Menschen sicher zum Mond und wieder zurück?«* impliziert zum Beispiel den Goldenen Schnitt nach den Flugphasen Hinflug und Rückflug. **Wie Sie bemerken, erfordert diese Ordnung vor allem eines: logische Disziplin.** Um ein Thema erschöpfend und zugleich systematisch korrekt abhandeln zu können, bedarf es passender »Schnitte« zur Ableitung der passenden Fragen. Diese können zwar von Ebene zu Ebene, von Ast zu Ast wechseln, aber innerhalb einer Verästelung müssen sie unbedingt konsistent verwendet werden. Haben Sie sich also für die »4 Cs« entschieden, so müssen alle vier Fragebereiche entlang eines Knotenpunkts abgearbeitet werden.

Eine Auswahl möglicher Goldener Schnitte mit Einsatzspektrum:

KURZ-, MITTEL- ODER LANGFRISTIG	Bei zeitlicher Betrachtung, die Fristigkeiten sind genau zu definieren
INTERN-EXTERN	Zur Innen- und Außensicht
QUALITATIV-QUANTITATIV	Für messbare und nicht messbare Aspekte
4 P (Preis, Produkt, Promotion, Platzierung)	Zur Abdeckung aller für eine Vermarktung relevanten Aspekte

REGIONEN	Für räumliche Aspekte (die Regionen sind genau zu definieren: z. B. Kontinente oder Nord- und Südpfalz)
ANGEBOT-NACHFRAGE	Für die Berücksichtigung des geschäftlichen Urprinzips
WERTSCHÖPFUNGSKETTE	Um alle relevanten Wertschöpfungsschritte abzudecken
SWOT (Stärken, Schwächen, Chancen, Risiken)	Für eine schnelle Evaluierung (meistens in Wettbewerbsanalyse)
LEBENSZYKLUS	Um alle für einen kompletten Durchlauf eines Kunden oder Produkts relevanten Phasen zu berücksichtigen
KUNDENSEGMENTE	Zur vollständigen und überschneidungsfreien Detaillierung einzelner Kundengruppen aus der Gesamtheit
PUSH-PULL	Um beide Möglichkeiten des Handlungsimpulses abzugrenzen
SOLL-IST-ABWEICHUNG	Um Vergleiche durchzuführen
PLAN-BUILD-RUN (Konzept, Aufbau, Betrieb)	Zur Abgrenzung der drei Basis-Wertschöpfungsstufen
VORTEILE-NACHTEILE	Zur Abwägung
FUNKTIONEN	Um alle (betrieblichen) Funktionen zu berücksichtigen
PHASEN	Zur Berücksichtigung aller relevanten Zeiträume (siehe auch Lebenszyklus)
UMSATZ-KOSTEN	Zur Gewinnermittlung
ZEIT-KOSTEN-QUALITÄT	Zur Leistungsbewertung
4 C (Customer, Competition, Costs, Capabilities)	Für strategische Fragestellungen
PERSPEKTIVENWECHSEL	Durch Zoom-in/Zoom-out (Unternehmen/Abteilung/Mitarbeiter), um unterschiedliche Wirkungsweisen zu berücksichtigen

DAS MECE-PRINZIP STELLT DIE LOGIK SICHER

Der Goldene Schnitt sorgt also dafür, dass die Fragen in einer logisch nachvollziehbaren Ordnung dargestellt werden. Der so gebaute Fragebaum garantiert eine umfassende und systematische Durchdringung des Themas. Um dabei die Logik der Fragen sicherzustellen, empfiehlt sich dringend ein Qualitätscheck. Als eine Art »TÜV« fungiert hier das »MECE-Prinzip«, ein ebenso einfaches wie effektives Prüfverfahren:

MECE bedeutet Mutually Exclusive (gegenseitig ausschließend = überschneidungsfrei) und Collectively Exhaustive (gemeinsam erschöpfend = vollständig).

Nach diesem Grundsatz dürfen sich die Fragen inhaltlich nicht überschneiden, folglich nicht die gleichen Aspekte beinhalten. Wenn Sie z. B. bei unserem Business Case einen »Schnitt« machen und auf der obersten Ebene Umsatz und Kosten differenzieren, sollten alle Umsätze und alle Kosten klar zuzuordnen sein. Zugleich reichen die Fragen zusammengenommen aus, um das Thema auf der jeweiligen Ebene vollständig zu durchdringen. Es dürfen keine tragenden Fragen ausgelassen werden. Wenn Sie also Fragen über die Produktvorteile aufstellen, dann sollten Sie auch nach den Nachteilen fragen. Nur so sind Sie gewappnet, falls Sie später danach gefragt werden.

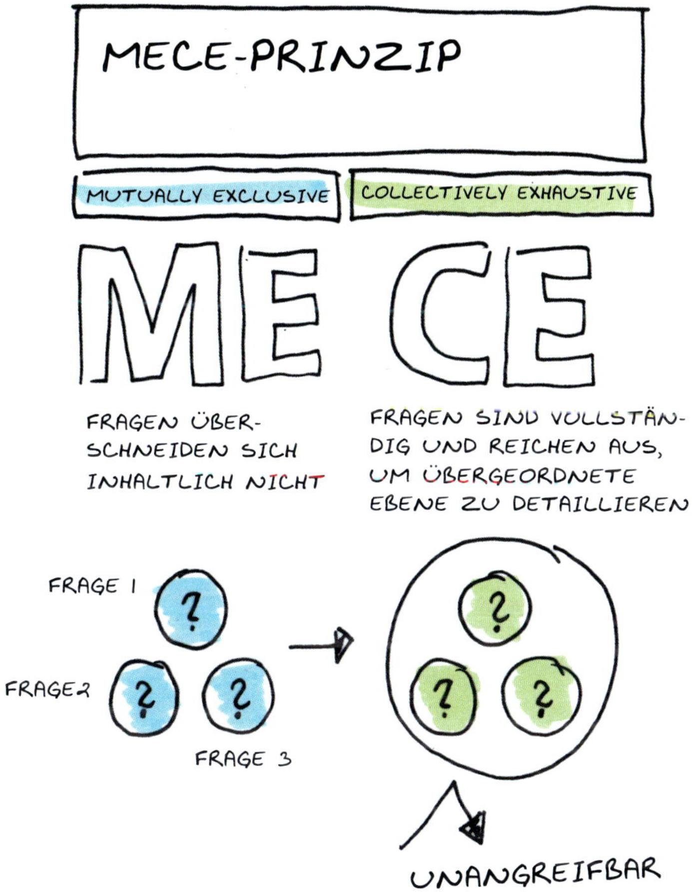

Welche »Schnitte« wählen Fluggesellschaften zur Einteilung ihrer Kunden?

FRAGEBÄUME SIND IDEAL ZUM PLANEN EINES PROJEKTS

Im Fragebaum haben Sie die Grundlage zur Durchdringung und späteren Beantwortung Ihrer Kernfrage gelegt. **Dadurch kann der Fragebaum als ein wertvolles Tool für die Projektarbeit eingesetzt werden.** Zum einen lässt sich der Aufwand genauer einschätzen und zum anderen können die Aktivitäten auf Basis des Fragebaums besser auf Tage oder Ressourcen verteilt werden. Ein gut entwickelter Fragebaum bietet also eine Reihe von Vorteilen:

Tiefes Problemverständnis:

- → Alle möglichen Aspekte werden beachtet.
- → Die Diskussion weitet den Problemhorizont und eröffnet dadurch neue Perspektiven.
- → Die generelle Stoßrichtung und die Arbeitsschwerpunkte treten deutlich zutage.

Gute Abstimmung:

- → Alle im Team haben die gleiche Übersicht über die offenen Fragen.
- → Jeder kann seinen Arbeitsaufwand abschätzen.
- → Jeder führt nur sinnvolle Analysen durch.
- → Die Abstimmung mit dem Auftraggeber verhindert spätere Überraschungen über fehlende Aspekte.

Überzeugende Logik:

- → Widersprüche und Überschneidungen werden vermieden.
- → Alle relevanten Aspekte werden berücksichtigt.

STRUKTURBAUM IN DER PROJEKTARBEIT
1. DER STRUKTURBAUM
2. PRIORISIERTE LISTE VON ANALYSEN
ANALYSE X
ANALYSE Y
ANALYSE Z
ANALYSE...
3. TO-DO-LISTE
WAS?
WER?
WANN?
4. UMSETZUNG IN POWERPOINT
DIE STORY
DAS STORYBOARD
DIE FOLIEN
EIN WERTVOLLES TOOL FÜR DIE PROJEKTARBEIT. VOR ALLEM IM TEAM!
SIND BEREITS ALLE FAKTEN GEKLÄRT, KANN MAN SCHRITT 2 UND 3 AUCH ÜBERSPRINGEN!

SAMMELN VON DATEN UND FAKTEN ZUR BEANTWORTUNG DES FRAGEBAUMS

Mit dem fertigen Fragebaum haben Sie ein Gerüst von Fragen vor sich. Und jetzt geht es (endlich) an das Beantworten all dieser Fragen. Zwischen dem Denk- und Schreibprozess liegt nämlich die faktenbasierte Beantwortung der Fragen.

Zur Beantwortung der aufgeworfenen Fragen müssen Fakten und Daten gesammelt werden. Beginnen Sie ganz unten in der Pyramide und beantworten die dort definierten Fragen. Mit den entsprechenden Antworten sind Sie in der Lage, die darüberliegende Frageebene zu beantworten. Auf diese Weise gelangen Sie schlussendlich bis zur obenstehenden Kernfrage, die Sie dann ebenfalls beantworten können.

Alternativ empfehlen wir, an dieser Stelle mit ersten Arbeitshypothesen zu arbeiten, um auf Basis Ihrer Erfahrung und dem gesunden Menschenverstand schnell Antworten auf die unterschiedlichen Fragen zu bekommen. Die Hypothesen gilt es, mit Fakten und Daten zu beweisen. Auf diese Weise kommen Sie schneller zu belastbaren Erkenntnissen.

CASE:

HARRYS GOURMETIMBISS

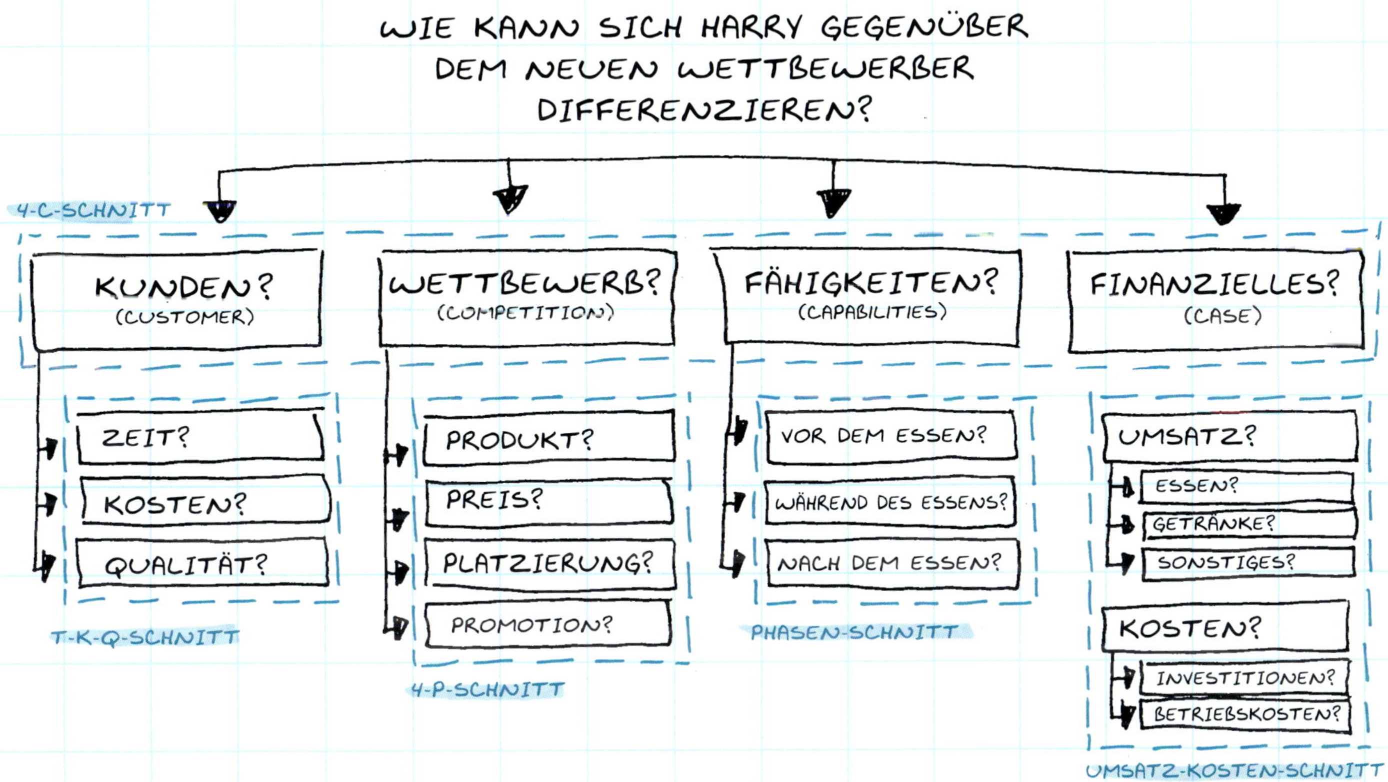

WIE KANN SICH HARRYS GOURMETIMBISS GEGENÜBER DEM NEUEN WETTBEWERBER DIFFERENZIEREN?

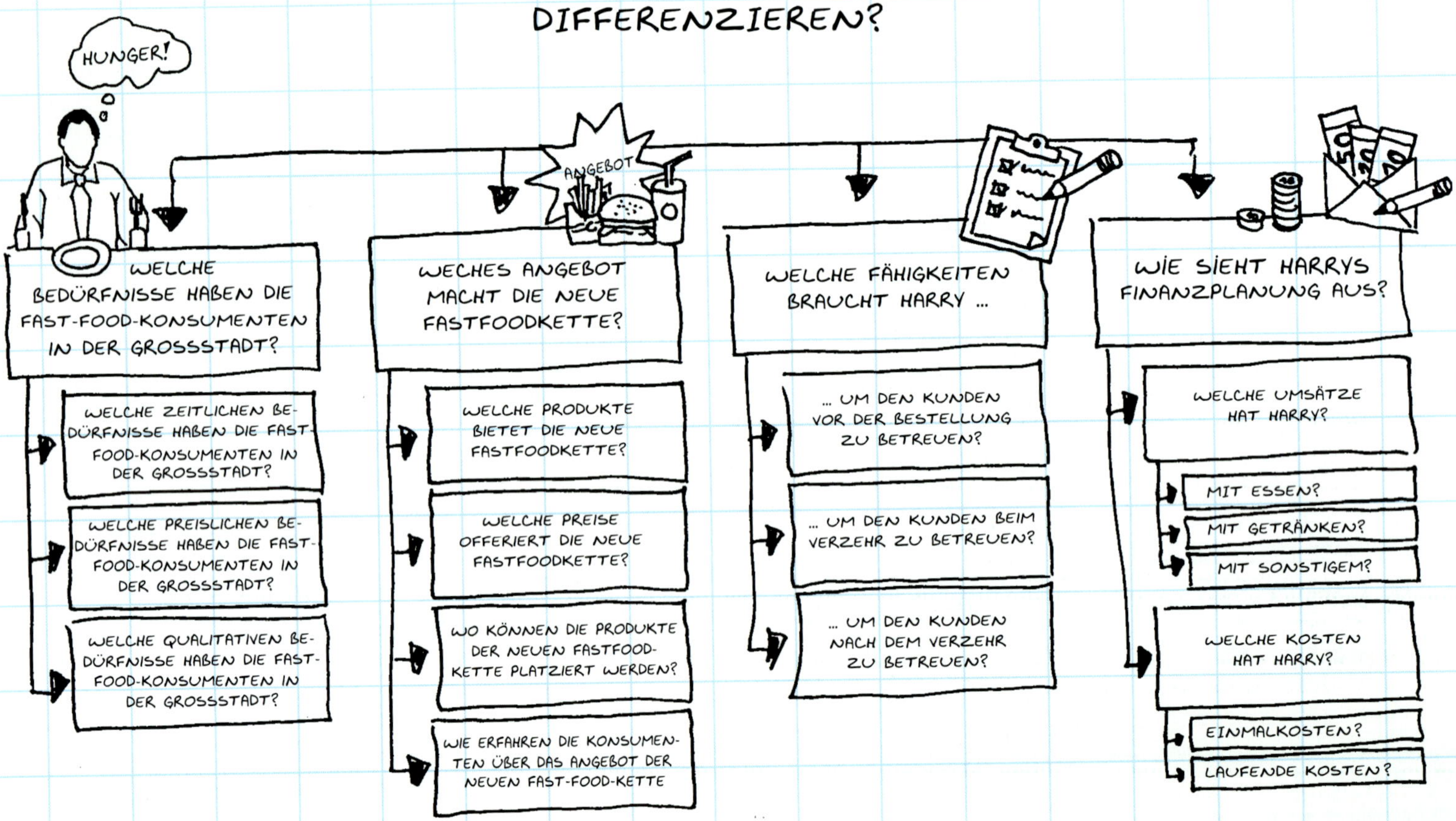

ZUSAMMENFASSUNG

Der Fragebaum hilft Ihnen, mit einer logischen Struktur die Kernfrage in ihre Teilaspekte zu zerlegen. Wer fragt, der führt; nur mit Fragen gewinnen Sie spannende Erkenntnisse. Ein guter Fragebaum ist vollständig und überschneidungsfrei, also mit allen relevanten Fragen logisch in die Teilaspekte aufgegliedert.

Im Einzelnen bieten sich folgende Arbeitsschritte an:

- *Denken Sie über logische »Schnitte« nach, um den Fragebaum um weitere relevante Ebenen zu erweitern.*
- *Formulieren Sie für jede logische Weiterentwicklung eine vollständige Frage.*
- *Stellen Sie sicher, dass die Fragen dem MECE-Prinzip entsprechen, d. h. vollständig und überschneidungsfrei, also logisch, sind.*
- *Nutzen Sie den Fragebaum zu Beginn eines Projektes zur Abstimmung und Planung.*
- *Starten Sie die Bearbeitung Ihres Fragebaums mit Hilfe von Hypothesen, die es anhand von Fakten und Daten zu belegen gilt.*

ADRESSATENANALYSE — DENKEN SIE SICH IN IHRE ZIELE UND ZIELGRUPPEN HINEIN

» CLIENT PERCEPTION IS REALITY «

AMERIKANISCHES SPRICHWORT

ZEIT IST DAS WERTVOLLSTE GUT

Jeder Ihrer Adressaten hat es verdient, mit dem nötigen Respekt behandelt zu werden – insbesondere dem Respekt vor der wertvollen Zeit und Aufmerksamkeit, die Sie beanspruchen.

Schließlich macht er sich die Mühe, Ihre Erkenntnisse zu konsumieren. Folglich sollten Sie sich nicht nur um Verständlichkeit, sondern auch um die gebotene Kürze und einen Erkenntnisgewinn bemühen.

DIE INDIVIDUELLE ANSPRACHE ENTSCHEIDET ÜBER DIE ZIELERREICHUNG

Vom analytischen Standpunkt aus betrachtet, wären Sie zum jetzigen Zeitpunkt bereits in der Lage, Ihre eingangs gestellte Kernfrage zu beantworten. Wenn Sie alle Verästelungen Ihres Strukturbaums sauber beantwortet haben, müsste am Ende also ein eindeutiges Ergebnis stehen, das Ihr Problem löst.

Ein Fall kann also sehr unterschiedlich beschrieben werden: Die Wertigkeit der Botschaft hängt vom eigenen Ziel und den Präferenzen des Adressaten ab. Insofern steht zuvorderst die realistische Zieldefinition: Was genau wollen Sie mit der Business-Präsentation erreichen?

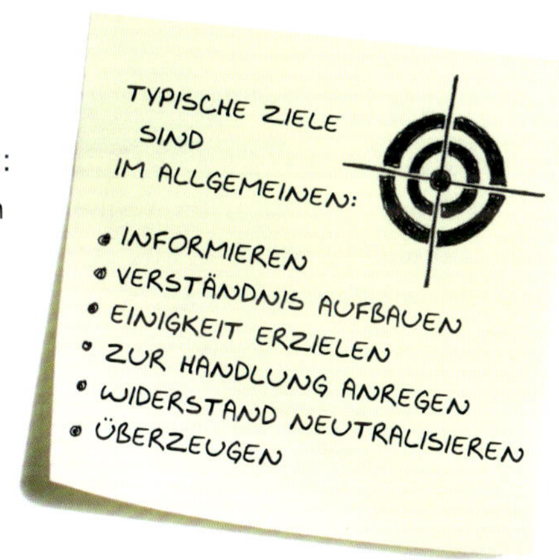

Beispiel: Wenn Sie mit Ihrer Business-Präsentation einem Kunden im Erstkontakt eine neue Telefonanlage für 1,5 Millionen Euro verkaufen wollen, so können Sie Ihr Ziel wie folgt definieren: Adressat soll die neue Telefonanlage für 1,5 Millionen Euro bestellen ODER Adressat soll unseren Referenzkunden für die neue Telefonanlage besuchen.

Sie entscheiden über die Höhe der Hürde, über die Sie und Ihr Adressat springen sollen.

Hinzu kommt noch Ihr ganz persönliches Ziel, mit der Business-Präsentation einen positiven, weil professionellen Eindruck zu erwecken und eine vertrauensvolle Beziehung aufzubauen. Diese Ziele sind nun die »Benchmarks« für Ihre Kommunikation – an den Zielen muss sich deren Erfolg messen lassen.

Folglich können wir unsere Kernbotschaft nicht einfach irgendwie herunterschreiben, sondern müssen genau auf deren Tonalität achten.

Die Herausforderung besteht nämlich darin, nicht nur die Fakten zu vermitteln, sondern die Zielgruppe auch emotional anzusprechen. Wir müssen sowohl die linke als auch die rechte Gehirnhälfte der Adressaten erreichen. Empathie lautet hier das Zauberwort – denken Sie sich also hinein in Ihr Publikum, seine Denkweise, seinen Background, Geschmacksvarianten, Vorlieben, Abneigungen ...

ANALYSE DER WICHTIGSTEN ZIELPERSONEN

Stellen Sie sich etwa folgende Situation vor: Sie sollen ein Konzept zur Restrukturierung eines Unternehmens erarbeiten. Natürlich kommen Sie nur zu einem Ergebnis. Doch, wenn Sie dieses der Geschäftsführung, den Investoren oder dem Betriebsrat präsentieren wollen, werden Sie gewiss drei jeweils völlig unterschiedliche Ansätze der Vermittlung wählen, d. h. eine unterschiedliche, adressatenspezifische Ansprache — sofern Sie beabsichtigen, dass die jeweilige Zielgruppe Ihrem Ergebnis folgt.

Sie sind also gezwungen, sich intensiv mit Ihrem Adressatenkreis, Ihrer Zielgruppe auseinanderzusetzen. Wer sind die Zielpersonen, denen Sie Ihre Botschaft mitteilen wollen? Was müssen Sie tun, damit Ihre Botschaft wirkt? Wie können Sie Ihre Zielpersonen zur Aktion bewegen?

Aus dem Adressatenkreis leiten sich die Hauptadressaten ab, mithin die Personen, die Sie erreichen müssen, um Ihre Ziele umgesetzt zu sehen. Wen also müssen Sie konkret überzeugen? Wessen Widerstand gilt es zu neutralisieren? Wer soll handeln?

Diesen Adressaten gehört Ihr Hauptaugenmerk, sodass Sie sich mit ihnen am intensivsten auseinandersetzen müssen.

TYPISCHE KOMMUNIKATIONSFEHLER

Das Schlimmste, was Ihnen passieren kann, ist, wenn sich der Adressat fragt: **»Und nun?« »Was heißt das konkret für mich«?** Wenn er in Ihren Botschaften keinen Vorteil, keine Information und keinen Nutzen sieht, dann haben Sie Ihr Ziel komplett verfehlt.

Um sicherzugehen, stellen Sie sich vorab immer die Frage: *»Was hält mein Publikum wach in der Nacht?«*

Sie sollten also klären, wie man die Adressaten abholen kann. An welcher Stelle das Thema sie berührt und mit welchen Methoden sie »getroffen« werden können. Es muss sich für den Adressaten lohnen, Ihnen zuzuhören oder Ihre Botschaften zu lesen. Ihre Zielgruppe will von Ihnen etwas lernen und eine Erkenntnis gewinnen – das ist Ihre Pflicht an dieser Stelle.

Sie beobachten sicher häufig, wie fachlich hoch kompetente Mitarbeiter im Übereifer des Gefechts **ihre Business-Präsentationen mit Details überfrachtet haben.** Im Einzelnen waren diese zwar sehr wertvoll, jedoch in ihrer unstrukturierten Fülle einfach nicht vom Publikum zu erfassen und damit nicht adressatenorientiert. Insofern dient die detaillierte Adressatenanalyse der Vermeidung typischer Fehler.

Die größten Fehler in Business-Präsentationen:

- KEINE KLARE AUSSAGE ⇨ ES FEHLT DIE KERNBOTSCHAFT AN DEN ADRESSATEN.
- KEIN ROTER FADEN ⇨ ES FEHLT DIE FÜR DEN ADRESSATEN NACHVOLLZIEHBARE STRUKTUR.
- ZU DETAILLIERT ⇨ DEM ADRESSATEN WIRD NICHT KLARGEMACHT, WAS DIE BOTSCHAFTEN FÜR IHN PERSÖNLICH BEDEUTEN.
- ZU LANG ⇨ DEM ADRESSATEN WIRD DAS GEFÜHL GEGEBEN, VIEL BALLAST ZU ERFAHREN, DEN ER SELBST GAR NICHT BENÖTIGT.

WISSEN (ÜBER DIE ZIELGRUPPE) IST MACHT

Wie Sie sehen, handelt es sich bei diesen Fehlern um Sachverhalte, die durchaus sehr subjektiv wahrgenommen werden. Was dem einen zu viel ist an Information, reicht dem anderen vielleicht noch lange nicht aus. Sie kommen also nicht umhin, sich über Ihre Zielgruppe eingehend zu informieren.

Auf jeden Fall sollten Sie wissen, wie groß der Adressatenkreis ist; auch Informationen über Alter, Geschlecht usw. gehören zu den grundlegenden Dingen, die es zu erfahren gilt. Aber Sie müssen noch tiefer in die Materie einsteigen, um zu versuchen, die Kommunikationssituation möglichst genau zu antizipieren. Was erwarten Ihre Adressaten? Was brauchen sie? Wie kann man sie berühren? Mit welchen Problemen, Vorbehalten und Fragestellungen müssen Sie rechnen?

Um all diese Fragen beantworten zu können, gibt es eine Reihe von Methoden, Systematiken und Tools, die Ihnen dabei helfen. Googeln Sie doch einfach ein paar Minuten über den Adressaten und Sie erfahren wissenswerte biografische Details, die Ihnen Rückschlüsse auf inhaltliche Präferenzen erlauben. Auch können Kollegen oder das Vorzimmer bei entsprechenden Fragen weiterhelfen: Wie hätte es der Chef denn gerne? Wer kommt denn eigentlich zur Business-Präsentation?

DIE ADRESSATENANALYSE – WER IST UNSER GEGENÜBER?

DIE »HARTEN« DETERMINANTEN

Zunächst verschaffen Sie sich einen Überblick über die »harten«, objektiven Merkmale Ihres Publikums:

- → Welche Funktionen bekleiden die Personen?
- → Welchen hierarchischen Status haben sie?
- → Aus welchem Grunde trete ich mit ihnen in Interaktion?
- → Über welche Expertise verfügen sie?
- → Welches Vorwissen kann ich in Bezug auf mein Thema unterstellen?
- → Auf welche Wissens-/Verständnis-Lücken stoße ich möglicherweise?

Die Antworten auf diese Fragen liefern Ihnen nur die wichtigsten Aspekte, die Sie kennen sollten, um Ihre Zielgruppe näher einschätzen zu können. Diese Informationen zu beschaffen, sollte relativ leicht fallen – erst recht, wenn es sich um Personen aus dem eigenen Unternehmen handelt.

DIE » WEICHEN « DETERMINANTEN

Wenn es um die » weichen « Faktoren geht, fokussieren wir uns vor allem auf die subjektive Seite unserer Zielpersonen. Uns interessiert, wie sie » ticken «. Dabei arbeiten wir uns wieder Schritt für Schritt durch – vom Allgemeinen hin zum Speziellen.

Entsprechend der groben Typisierung des Adressaten ergeben sich Fragestellungen für die Business-Präsentation. Das nachfolgende Schaubild gibt einen guten Überblick:

A	EINSTELLUNG/ ATTITUDE	• WER IST DER ENTSCHEIDUNGSTRÄGER? • IST ER VON EINIGKEIT ODER MEINUNGSVERSCHIEDENHEIT GETRIEBEN? • WIE IST SEINE EINSTELLUNG ZU IHNEN/DEM THEMA? • WELCHE THEMEN/PROVOZIERENDEN WORTE MOTIVIEREN ODER DEMOTIVIEREN IHREN EMPFÄNGER?
B	VERHALTEN/ BEHAVIOR	• WIE SIND DIE POSITIONEN UND DER STATUS DER EMPFÄNGER? • WIE SIND IHRE HINTERGRÜNDE/LEBENSLÄUFE? • WELCHES SIND IHRE LIEBLINGSTHEMEN/SONDERKOMPETENZEN? • BEVORZUGEN DIE WICHTIGSTEN ENTSCHEIDUNGSTRÄGER HUB-SCHRAUBERPERSEPEKTIVE ODER DETAILLIERTE INFORMATION?
C	KULTUR/ CULTURE	• BEZIEHT SICH DIE KULTUR MEHR AUF KMU, GROSSE KONZERNE ODER ÖFFENTLICHE ÄMTER? • IST DIE KULTUR EHER KONSERVATIV UND GEWACHSEN ODER INNOVATIV UND DYNAMISCH? • GIBT ES POLIIISCHE FORDERUNGEN ODER "KÖNIGREICHE"?

Fragenkatalog als Checkliste für die Adressatenanalyse

Aus den diversen Modellen zur Adressatenanalyse haben wir für unsere Arbeit ein eigenes Modell entwickelt, das sich dank seiner komprimierten Fragen in Form einer einfachen Checkliste in der Praxis gut bewährt hat. Es beinhaltet einen ausgewogenen Mix aus objektiven und subjektiven Kriterien – Sie erforschen sowohl die äußeren Umstände als auch die innere Psyche Ihrer Zielgruppe und setzen sie zugleich in Relation zur Zielsetzung Ihrer Business-Präsentation. Anhand eines **Katalogs aus sechs Fragen** erhalten Sie auf diese Weise recht schnell ein umfassendes Bild über die wichtigsten, adressatenbezogenen Faktoren, die Ihre Kommunikation determinieren.

DAS PROBLEM DER GEMISCHTEN GRUPPE

Etwas schwieriger wird die Situation bei heterogenen Zielgruppen. Erwarten Sie ein gemischtes Publikum mit sehr unterschiedlichen Charakteren und Verhaltensweisen, dann wird es schwer, die Kommunikationslinie so aufzubauen, dass sie alle Richtungen abdeckt. **Sie werden sich also für eine Richtung entscheiden müssen.** Klar, dass Sie Ihre Argumentation in diesen Fällen auf die für Ihre Aufgabe wichtigsten Personen (oder bei Gleichwertigkeit: auf die größte vertretene Gruppe) abstimmen werden. Identifizieren Sie also Keyplayer und wichtige Entscheider, die für Ihre Arbeit maßgeblich sind. Dann sind das Ihre Haupt-Zielpersonen. Falls derartige Unterschiede nicht auszumachen sind, konzentrieren Sie sich auf die Untergruppe mit den meisten Gemeinsamkeiten und bedienen Sie so (wenigstens) den Großteil der Gruppe. Gegebenenfalls nutzen Sie die Zeit vor der Business-Präsentation dazu, einzelne Entscheider vorab zu informieren.

CASE: HARRYS GOURMETIMBISS

Als Besitzer von Harrys Gourmetimbiss versetzen Sie sich nun in die Position Ihres Geldgebers. Das Fallbeispiel unterstellt im Folgenden als Adressaten einen typischen Firmenkundenbetreuer einer Großbank. Wir gehen daher das Prüfungsschema systematisch durch:

WER IST DER ADRESSAT?

FRAGE: WIE SIEHT SEIN LEBEN AUS?
ANTWORT: AUFSTREBENDER BANKER MIT ZUSTÄNDIGKEITEN IM KUNDENBEREICH > 1 MILLION EURO JAHRESUMSATZ.

FRAGE: WIE SIEHT DIE PERSÖNLICHKEIT DES ADRESSATEN AUS?
ANTWORT: INTERESSIERT AM GASTRONOMIEGEWERBE, DA SELBST FASTFOOD-KUNDE IM INNENSTADTBEREICH.

FRAGE: ÜBER WELCHES NETZWERK VERFÜGT DER ADRESSAT?
ANTWORT: HAT EIGENE ERFAHRUNGEN ALS KUNDE VON HARRY'S GOURMETIMBISS UND ANDERER GASTRONOMIEANGEBOTE.

WARUM IST DER ADRESSAT DA?

FRAGE: WAS WILL DER ADRESSAT LERNEN?
ANTWORT: MÖCHTE EIN NACHVOLLZIEHBARES KONZEPT LESEN, WELCHES DIE RÜCKZAHLUNG BESTEHENDER UND ZUKÜNFTIGER KREDITE GLAUBHAFT MACHT.

FRAGE: WARUM KOMMT ER?
ANTWORT: DURCH DIE KONKURRENZSITUATION HAT ER WENIG VERTRAUEN IN DIE ZUKUNFT VON HARRYS GOURMETIMBISS.

FRAGE: WIE SEHEN DIE PRIORITÄTEN DES ADRESSATEN AUS?
ANTWORT: ER BETREUT CA. 200 KUNDEN UND HAT DAHER NUR BESCHRÄNKT ZEIT FÜR DIESES MANDAT.

WAS HÄLT DEN ADRESSATEN NACHTS WACH?

FRAGE: WO LIEGT DER SCHMERZ?
ANTWORT: DER BANKER MÖCHTE AUF BASIS GUTER ZINS- UND PROVISIONSERTRÄGE KARRIERE MACHEN UND SEINEN BONUS RECHTFERTIGEN.

FRAGE: WO IST DIE ANGST?
ANTWORT: ETWAIGE KREDITAUSFÄLLE VERSCHLECHTERN SEINE LEISTUNGSBEWERTUNG.

FRAGE: WAS SIND SEINE WÜNSCHE/ SEHNSÜCHTE?
ANTWORT: ER MÖCHTE MEINE RELATIV KLEINE FIRMA IN GRÖSSERE UMSATZBEREICHE BEGLEITEN UND DADURCH MITWACHSEN.

WIE KÖNNEN SIE DAS PROBLEM DES ADRESSATEN LÖSEN?

FRAGE: WIE KANN ICH DAS LEBEN DES ADRESSATEN BESSER/ LEICHTER MACHEN?

ANTWORT: ER MÖCHTE SEIN BAUCHGEFÜHL MIT FAKTEN UNTERLEGT SEHEN.

FRAGE: WELCHE THEMEN/PROBLEME SIND FÜR DEN ADRESSATEN BESONDERS WICHTIG?

ANTWORT: AM ENDE DES TAGES GEHT ES UM EIN NACHVOLLZIEHBARES ZAHLENWERK MIT POSITIVEM AUSBLICK.

WAS SOLL DER ADRESSAT TUN?

FRAGE: WELCHEN "ACTION POINT" BEKOMMT DER ADRESSAT?

ANTWORT: DER BANKER SOLL DIE ERHÖHUNG DER KREDITLINIE BANKINTERN VORANTREIBEN.

FRAGE: WAS MOTIVIERT/TREIBT DEN ADRESSATEN?

ANTWORT: TEIL EINES SICH POSITIV ENTWICKELNDEN GESCH□FTS ZU SEIN.

FRAGE. MIT WELCHER ANSPRACHE ERREICHE ICH DEN ADRESSATEN AM BESTEN?

ANTWORT: RATIONAL ÜBER ZAHLEN UND EMOTIONAL ÜBER SEINE EIGENEN GASTRONOMIE-ERFAHRUNGEN.

WARUM KÖNNTE DER ADRESSAT SICH STRÄUBEN?

FRAGE: WARUM KÖNNTE DER ADRESSAT SICH EINER "AKTION" WIDERSETZEN?

ANTWORT: DER BANKER HAT BANKINTERN KEINE UNTERSTÜTZUNG DURCH DIE RISIKOBEWERTENDE KREDITSACHBEARBEITUNG, DIE DEN KREDITANTRAG DES BETREUERS FREIGEBEN MUSS.

FRAGE: WAS SIND SEINE PERSÖNLICHEN "KEY PERFORMANCE INDICATORS" (KPI)?

ANTWORT: AUSFALLQUOTE UND ZINSERGEBNIS.

ZUSAMMENFASSUNG

Die Adressatenanalyse hilft Ihnen, die Business-Präsentation hinsichtlich Formulierungen, Form und Logik auf den Adressaten(kreis) auszurichten. Damit erhöhen Sie die Chance, dass die Botschaften verstanden werden und Sie Ihr realistisches Präsentationsziel erreichen.

Im Einzelnen bieten sich folgende Arbeitsschritte an:

1. *Setzen Sie sich ein realistisches Ziel für Ihre Business-Präsentation.*
2. *Sammeln und analysieren Sie die »weichen« und »harten« Fakten über Ihre Adressaten.*
3. *Überlegen Sie, was der Adressat im Idealfall nach dem Lesen oder Hören der Business-Präsentation tun soll.*

DIE KERNBOTSCHAFT DEFINIEREN — FORMULIEREN SIE IHRE ZENTRALE AUSSAGE

»BE BOLD, BE BRIEF, BE GONE«

CHARMAINE HAMMOND, AMERIKANISCHE SCHRIFTSTELLERIN UND FILMAUTORIN

NOTWENDIGKEIT DER KEY MESSAGE

Mit dem Wissen über Ihre Zielgruppe und Ihren Strukturbaum haben Sie nun das notwendige Rüstzeug, um an den Aufbau Ihrer Business-Präsentation zu gehen.

Sie sind nun bereit, Ihre »Key Message«, also die Kernbotschaft festzulegen. **Jede Präsentation, jede Form der Kommunikation ist auf eine Kernbotschaft zu reduzieren.** Diese ist die zentrale Aussage, die auf jeden Fall beim Adressaten »haften« bleiben soll. Sie sollte gleich zu Beginn, nach der Einleitung, angeführt werden.

Als Antwort auf Ihre Kernfrage steht sie an der Spitze der Pyramide und ist der zentrale Ausgangspunkt Ihrer Argumentation. Damit kommt der Kernbotschaft eine ganz besondere Bedeutung zu, denn sie entscheidet innerhalb weniger Sekunden darüber, ob Sie das Publikum in das Thema »hineinziehen« können oder nicht. Mit ihr wecken Sie die Aufmerksamkeit, lösen Neugierde aus und schaffen es auch, in Erinnerung zu bleiben.

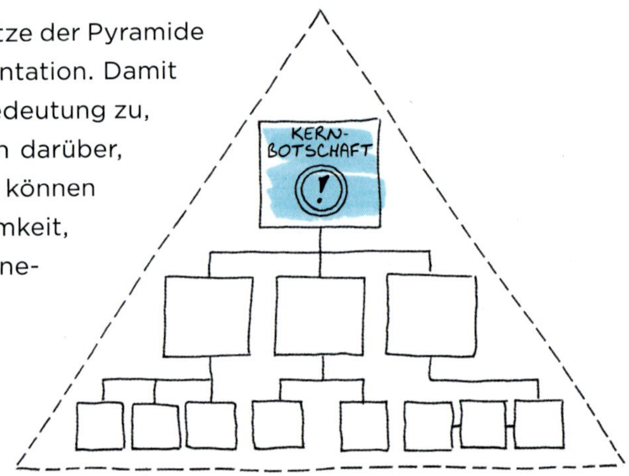

»MAKE YOUR POINT«

Jede Kommunikationsmaßnahme sollte dem Adressaten einen echten Mehrwert in Gestalt einer neuen, wesentlichen Erkenntnis bieten. Die Frage des Publikums »Was bedeutet das für mich?« ist an dieser Stelle der Schlüssel für das weitere Vorgehen. Hier kommen die Erkenntnisse der Zielgruppenanalyse in Kapitel 4 zum Tragen.

Um die Kernbotschaft auszuarbeiten und entsprechend aufzubereiten, brauchen Sie den Blick auf die großen Zusammenhänge, das »Big Picture«. Aus der Hubschrauberperspektive fällt es Ihnen leichter, die relevanten Dinge herauszufinden.

WENN ALLES WICHTIG IST, IST NICHTS WICHTIG.

WENN ALLES DRINGEND IST, IST NICHTS DRINGEND.

Im ersten Schritt sammeln Sie die inhaltlichen Bausteine, die im zweiten Schritt zu einer Kernbotschaft aggregiert werden. In den meisten Fällen wird dies aufgrund von Unterschiedlichkeit und Vielzahl an Informationen nicht gleich gelingen. Sie müssen sich also entscheiden: **Was ist wirklich wichtig für Ihren Adressaten?**

Formulieren Sie vollständige Sätze (Subjekt, Prädikat, Objekt) und vermeiden Sie Konjunktive, überflüssige Adjektive oder Superlative sowie abschwächende Formulierungen oder gar Aufzählungen. Formulieren Sie einfach und verständlich.

Noch einmal zurück zum Smartphone-Hersteller: Die Antwort auf seine Kernfrage, wie X mit dem neuen Smartphone Y seinen Marktanteil in Europa steigern kann, lautet: »Der Marktanteil von X in Europa steigt um 20% aufgrund der intensivierten Vermarktung von Android-Geräten.«

Orientieren Sie sich an Zeitungsjournalisten, die für jeden Artikel eine aussagekräftige (mehrwertige) Schlagzeile kreieren. Lassen Sie dabei die Boulevardpresse außer Acht (»Wir sind Papst« ist trotzdem legendär), sondern orientieren Sie sich an seriösen Blättern. Denn mit aussagekräftigen Überschriften ermöglichen gute Zeitungen es ihren eiligen Adressaten, die wesentlichen Dinge in kurzer Zeit zu erfassen; der Artikel selbst bietet dann den interessierten Lesern weitere Informationen. Der Empfänger Ihrer Business-Präsentation hat genau das gleiche Bedürfnis.

Orientieren Sie sich auch an Toppolitikern, die bei einer Rede ohne jede visuelle Unterstützung ihre Botschaften ans Volk bringen müssen. Dabei überträgt die Presse nur einzelne Sätze oder Sprachschnipsel; die ganze Rede bleibt meist ungehört. Daher muss diese eine Kernbotschaft genau überlegt werden, um erfolgreich anzukommen.

GUTE KERNBOTSCHAFTEN »KLEBEN«

Vergleichen Sie bitte die nachfolgenden zwei Sätze:
»Auch die Innovationen und Investitionen im Bereich unserer Telekommunikationssparte können nicht zeitnah deren Negativwachstum aufhalten.«
»Mit unseren neuen Handymodellen verlieren wir auch in absehbarer Zeit mehr Geld als wir einnehmen.«

Welche dieser beiden Aussagen löst beim Adressaten wohl die stärkere Reaktion aus? Welche sorgt für den größeren »Aha«-Effekt? Welche bleibt eher im Gedächtnis haften? Es dürfte wohl kaum Zweifel geben: Aussage Nummer zwei gewinnt. Warum? **Klar, eine gute Kernbotschaft »schwafelt« nicht herum, sondern bringt die Sache auf den Punkt.**

Schauen Sie sich noch einmal die möglichen Ziele an, die Sie mit Ihrer Kommunikationsmaßnahme verfolgen: Es geht allgemein um

- → Information,
- → das Erreichen von Konsens,
- → den Aufbau von Verständnis oder
- → das Beseitigen von Widerständen.

In vielen Fällen wollen Sie Ihr Gegenüber auch zu bestimmten Handlungen motivieren. Stets jedoch müssen Sie Ihr Publikum überzeugen. Deshalb bemühen Sie sich um größtmögliche Transparenz und Struktur in Ihrer gesamten Business-Präsentation.

Wie bereits festgestellt, ist das Erste und Wichtigste, mit dem Sie Ihren Adressaten konfrontieren, die Kernaussage. Ihr sollten Sie daher ganz besondere Aufmerksamkeit widmen. Und dazu gehört neben inhaltlicher Klarheit eine prägnante Sprache.

Eine gute Kernaussage ist so formuliert, dass sie ihren Gehalt schnell und nachhaltig offenbart und den Adressaten genau dort »abholt«, wo es ihn am meisten berührt. Sie muss »kleben«, damit sie in Erinnerung bleibt.

Statt also nur allgemein zu formulieren:
»Ein Kopierer verbraucht in der Nacht viel Strom«,
sollten Sie deutlicher werden:
»Ein Kopierer, der über Nacht dauerhaft in Betrieb ist, verbraucht die gleiche Energie wie die Erstellung von 1.500 Kopien.«

Wie Sie sehen, steigert ein einfacher Vergleich die Wirkung der Aussage um ein Vielfaches. Die Konkretisierung des Stromverbrauchs durch die Zahl der Kopien macht das Argument anschaulich und greifbar. Zudem ergibt sich durch die überraschend hohe Zahl ein »Wow«-Effekt. Die Aussage bleibt daher nachhaltig im Gedächtnis der Adressaten haften – sie »klebt«. Allerdings seien Sie zurückhaltend bei der Nutzung von Zahlen: Wenn Sie 56,8% Umsatzsteigerung versprechen, wird man Sie Jahre später vielleicht auf diese Zahl festnageln. Also Vorsicht.

DAS SUCCES-PRINZIP

Es ist gar nicht so schwer, eine effektvolle und »klebende« Kernbotschaft zu formulieren, wenn man nur einige Prinzipien berücksichtigt. Eine wertvolle Hilfestellung bietet hier das »SUCCES«-Prinzip. Es fasst die Eigenschaften **einer wirkungsvollen Kernbotschaft** in sechs griffigen Kriterien zusammen:

Wie gut diese Mechanismen funktionieren, zeigen die nachfolgenden Beispiele:

→ *»iPad – Unsere fortschrittlichste Technologie in einem magischen und revolutionären Gerät zu einem unglaublichen Preis.«*
Dieser Satz erzählt eine kleine Story, macht neugierig und spricht sein Publikum emotional an. Dadurch bleibt er viel besser im Gedächtnis als:
»Das iPad stellt einen innovativen und kostengünstigen Gerätetypus dar.«

→ *»Die Marketingabteilung muss um fünf Mitarbeiter mit CRM-Kenntnissen erweitert werden«*,
ist viel konkreter als:
»Wir müssen die Marketingabteilung vergrößern.«

→ *»Der Laptop verfügt über genug Batteriekapazität, um Ihre TV-Show nonstop auf dem Flug von New York nach San Francisco anzuschauen«*,
macht den Benefit des Gerätes viel deutlicher als die Aussage:
»Die Kapazität des Laptop-Akkus reicht für fünf Stunden.«

DER FRAGE-ANTWORT-DIALOG

Die Kernbotschaft ist meistens eine Behauptung interessanten Inhalts, zumal sie die Kernfrage beantwortet. Der Adressat wird entsprechend reagieren und (sich) sagen: *»Klingt interessant, mal sehen, wieso das so ist.«* Oder: *»Erzählen Sie mir mehr, das klingt spannend.«*

Schon entsteht ein Frage-Antwort-Dialog, der ausgeht von der Kernbotschaft. Wenn Sie es erreichen, dass die Argumente in den Köpfen des Publikums neue Fragen aufwerfen, dann nehmen Sie es mit auf die Reise durch die wesentlichen Aspekte Ihres Themas. Dann haben Sie erreicht, was Sie wollen. Idealerweise sagt sich der Adressat auf Basis einer logischen Argumentation zum Schluss: **»Das macht Sinn, das habe ich verstanden.«**

»ELEVATOR PITCH«

Um zu überprüfen, wie gut eine Kernbotschaft wirklich ist, gibt es zwei Möglichkeiten:

1. Denken Sie an den berühmten »Elevator Pitch«, die »Fahrstuhl-Rede«: Dabei geht es darum, dem Chef (oder einer anderen Person) in der Kürze einer Fahrt im Lift zwischen einigen Stockwerken ein Konzept, eine Idee, ein Resultat etc. so zu vermitteln, dass er beeindruckt ist – und bestenfalls spontan in die »Aktion«-Phase eintritt. Schaffen Sie es, Ihre Kernbotschaft binnen weniger Sekunden so auf den Punkt zu bringen, dass Sie Ihr Gegenüber versteht und für Ihre Argumente eingenommen wird? Herzlichen Glückwunsch, dann haben Sie eine hervorragende Kernbotschaft formuliert. **Die neuere Spielart des »Elevator Pitch« – im Zeitalter von Social Media – ist übrigens der »Twitter Pitch«:** Die Kernbotschaft in einem »Tweet« von 140 Zeichen wirkungsvoll unterzubringen – wem das gelingt, der kann sich seiner Sache ziemlich sicher sein.

DIE FAHRSTUHL-REDE

2. Erzählen Sie Ihre Kernbotschaft einem Kollegen oder einem Freund. Kann er sie auch eine Stunde, einen Tag, gar eine Woche später noch erinnern und wiederholen, so ist sie gewiss memorierbar genug.

CASE: HARRYS GOURMETIMBISS

ES KOMMEN MEHRERE HYPOTHESEN FÜR IHRE KERNBOTSCHAFT IN FRAGE:

⇨ NICHT-KETTEN-FAST-FOOD-ANBIETER BRAUCHEN KLARE ABGRENZUNG ZUM KETTEN-WETTBEWERBER.

⇨ ABGRENZUNG IST NICHT NUR KULINARISCH UND PREISLICH MÖGLICH, SONDERN AUCH BEZÜGLICH AMBIENTE, SERVICE, PROZESSEN UND ÄHNLICHEM.

⇨ KUNDEN LASSEN SICH EMOTIONAL AN EINEN ANBIETER BINDEN.

⇨ LOYALITÄT MUSS BELOHNT WERDEN.

⇨ EIN STIMMIGES KONZEPT KANN AUCH DURCH EINE SKALIERUNG IN EINER KETTE WIRTSCHAFTLICHER WERDEN.

⇨ ICH INVESTIERE 50.000 EUR IN MEINEN IMBISS, UM 30 % RENDITE ZU ERZIELEN.

ERSTE VARIANTEN DER KERNBOTSCHAFT LAUTEN:

- KUNDENINDIVIDUELLE ANSPRACHE STEIGERT KUNDENLOYALITÄT UND UMSATZ TROTZ WETTBEWERB.
- KLASSE STATT MASSE - ICH SETZE AUF KUNDENINDIVIDUELLE ANSPRACHE ZUR UMSATZSTEIGERUNG.
- WETTBEWERB IST GESUND - MEINE KUNDEN UND ICH PROFITIEREN VON NEUEN ANGEBOTEN UND PREISEN.
- NEUES KUNDENORIENTIERTES LIFESTYLE-KONZEPT LÄSST RENDITE AUF 3% SPRINGEN.

ALS FINALE VARIANTE WÄHLEN WIR:

MASSE...

KLASSE STATT MASSE - DAS NEUE GASTRONOMIEKONZEPT VON HARRYS GOURMETIMBISS SETZT AUF INDIVIDUELLE KUNDENANSPRACHE ZUR RENDITESTEIGERUNG AUF 3%.

ZUR ERINNERUNG:
DIE KERNFRAGE LAUTETE: "WIE KANN ICH MICH MIT HARRYS GOURMETIMBISS GEGENÜBER DEM NEUEN WETTBEWERBER DIFFERENZIEREN, UM MEINEN GEWINN MINDESTENS KONSTANT ZU HALTEN?"

ZUSAMMENFASSUNG

Die Ermittlung einer einzigen, die eine Kernfrage beantwortenden Kernbotschaft bietet den Vorteil, dass Sie Ihre Aussage bzw. Empfehlung adressatengerecht und memorierbar gleich zu Beginn Ihrer Business-Präsentation machen. Damit fällt diese in die eventuell nur kurze Aufmerksamkeitsspanne des Adressaten und macht neugierig auf die nachfolgenden Argumente. Die Argumente können immer in Relation zur Kernbotschaft gesetzt werden, was die Nachvollziehbarkeit erhöht.

Im Einzelnen bieten sich folgende Arbeitsschritte an:

1. *Sammeln Sie alle für die Beantwortung in Frage kommenden Informationen.*
2. *Das Wichtigste wird zu einer die Kernfrage beantwortenden Kernbotschaft aggregiert.*
3. *Die Formulierung muss memorierbar sein und neugierig auf mehr machen.*
4. *Die Kernbotschaft muss anschließend pyramidal und faktenbasiert verargumentierbar sein.*

DIE PYRAMIDE ENTWICKELN — VERARGUMENTIEREN SIE IHRE KERNBOTSCHAFT

» ENTSCHULDIGE BITTE MEINEN LANGEN BRIEF, ICH HATTE HEUTE KEINE ZEIT.«

GOETHE AN SCHILLER

DER ROTE FADEN

Lassen wir die bisherigen Schritte einmal Revue passieren: Was haben Sie bislang gemacht?

Zunächst haben Sie die Kernfrage definiert, indem Sie die Situation und die Herausforderungen genau beschrieben haben. Anschließend haben Sie die Kernfrage vollständig und überschneidungsfrei in weitere Fragen aufgegliedert. Mit dem Abschluss des Denkprozesses haben Sie auf Basis von Hypothesen mit der Beantwortung der Fragen begonnen und diese Hypothesen anhand von Fakten und Daten validiert. Zu Beginn des Schreibprozesses haben Sie sich die Eigenschaften des Adressaten vor Augen geführt und den wichtigsten Satz Ihrer Kommunikationsleistung – die Kernbotschaft – formuliert.

In den nachfolgenden Schritten gehen Sie nun daran, **Ihre Kernbotschaft mit Argumenten zu untermauern, so dass Ihre Zielgruppe den logischen roten Faden nachvollziehen, verstehen und zu einer Aktion kommen kann:** Sie bauen das pyramidale Argumentationsgerüst mit Hilfe von Aussagen/Botschaften, die in der Abfolge eine Story ergeben.

Ganz oben in der Pyramide muss die Kernbotschaft stehen. Formulieren Sie ganze Sätze als Feststellung oder Empfehlung, damit diese selbsterklärend sind. Fragesätze haben hier nichts mehr zu suchen und sind weder als Kapitelüberschriften noch als übergeordnete Gedanken sinnvoll. Sollten Sie am Ende eine Business-Präsentation anfertigen wollen, dann sprechen wir in diesem Kapitel nur über die **Abfolge der Überschriften,** häufig auch als »Action-Title«, »Headline« oder auch »Tagline« bezeichnet.

DIE STORYLINE – DER STRUKTURIERTE BAUPLAN

Unter Storyline ist die konsequente und logische Argumentation entlang der Pyramide zu verstehen. Eine Argumentation kann im Allgemeinen nur dann erfolgreich vermittelt werden, wenn Sie Thesen und Argumente **hierarchisch** ordnen. Unser Verstand legt automatisch eine Ordnung zu den aufgenommenen Gedanken an; mehr als fünf Gedanken kann sich das menschliche Gehirn nicht merken. Das bedeutet, dass nicht mehr als fünf Botschaften auf einer Hierarchieebene stehen sollten.

Die Storyline ist so etwas wie der Ablaufplan für Ihre Kommunikation; eine Konstruktionszeichnung, die all Ihre Argumente und deren hierarchisch-logische Abfolge beinhaltet. Sie wissen nun, welche Ihrer Argumentationsmodule in welcher Reihenfolge in Ihrer Business-Präsentation auftauchen. Sie sollten Ihre Gedanken von oben nach unten »verargumentieren«, weil der durchschnittliche Adressat Gedanken viel einfacher verstehen kann, wenn er weiß, »um was es geht«. Klassischerweise besteht die pyramidale Story aus einer Einführung, einem Hauptteil und einem Abschluss.

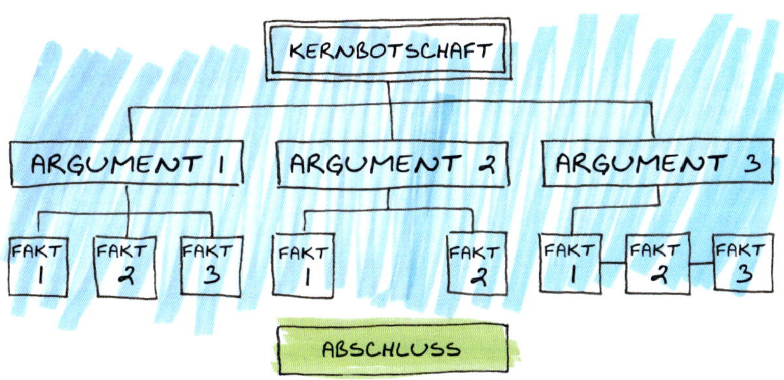

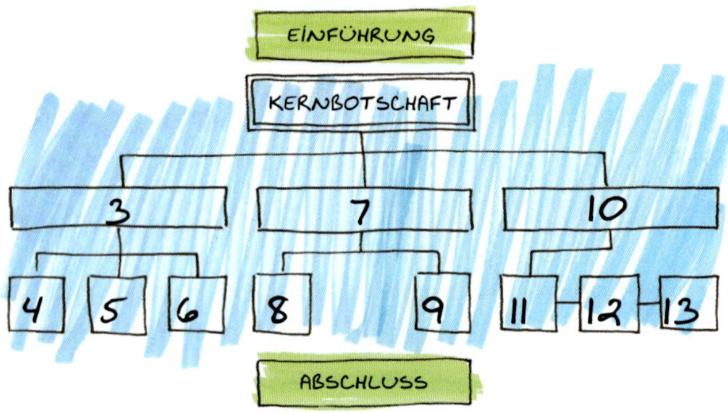

Anhand dieser Illustration wird sehr anschaulich dargestellt, warum weitere pragmatische Gründe für die Verargumentierung in der Pyramidenform sprechen. **Die Pyramide – wenn sie von oben nach unten verargumentiert wird – atmet und kann flexibel den zeitlichen Rahmenbedingungen angepasst werden.**

Sollte z. B. für jede Box eine Folie mit jeweils einer Botschaft vorgesehen sein, dann wäre diese Präsentation ideal für ein Meeting von einer Stunde (45 Minuten Business-Präsentation und 15 Min. Diskussion). Wenn aber der Adressat der Botschaft 15 Minuten später kommt und auch 15 Minuten früher geht, können Sie die detaillierende Argumentationsebene (4 bis 6, 8 bis 9 und 11 bis 13) einfach streichen und bleiben ganz entspannt in Ihrer induktiven Struktur. Sollten die Ergebnisse rein deduktiv, also nicht pyramidal, hergeleitet sein, dann fällt es schwer, spontan den Anforderungen entsprechend einen Teil rauszunehmen, da die Logik in der Argumentation verloren geht.

DIE EINFÜHRUNG

Als Einstieg in die Pyramide dient Ihnen eine Einführung, die den Adressaten dort abholt, wo Sie ihn erreichen können und die zugleich eine positive Stimmung erzeugt. Damit ist die Einführung mehr als nur ein unverbindliches »Vorgeplänkel« und verdient volle Aufmerksamkeit. Sie zielt auf das Thema und die Kernaussage ab.

Die Ausgangssituation besticht durch Fakten. Für Ihre einleitende Story stellen Sie also zunächst alle Fakten zusammen, die nötig sind, um die Situation zu verstehen. Achtung: Denken Sie daran, hierbei nur Fakten zu verwenden, die tatsächlich unstrittig und auch genau so formuliert sind. Sollten Sie in dieser wichtigen ersten Phase Informationen berücksichtigen, die nicht absolut »wasserdicht« sind, bewegen Sie sich auf ganz dünnem Eis und machen sich angreifbar. Mit fatalen Folgen: Das gesamte Konstrukt könnte schlechterdings in sich zusammenfallen. Der Situationsbeschreibung muss Ihr Publikum absolut vorbehaltlos zustimmen können. Sie enthält nur die zum Verständnis der Aufgabenstellung erforderlichen Fakten und erklärt sich selbst ohne zusätzliche Informationen. Im Idealfall formulieren Sie drei Fakten zur Situation.

Anschließend thematisieren Sie die Komplikationen in drei weiteren Punkten und beziehen sich dabei bestenfalls auf die in der Situationsbeschreibung genannten Punkte. Damit werden die Fakten verdichtet, sodass Sie schließlich zu des »Pudels Kern« kommen: Welcher Anlass, welche Veränderung, welche Herausforderung, welcher Auslöser, welches Problem etc. hat zu der Aufgabenstellung geführt, die Sie an dieser Stelle zu erörtern haben?

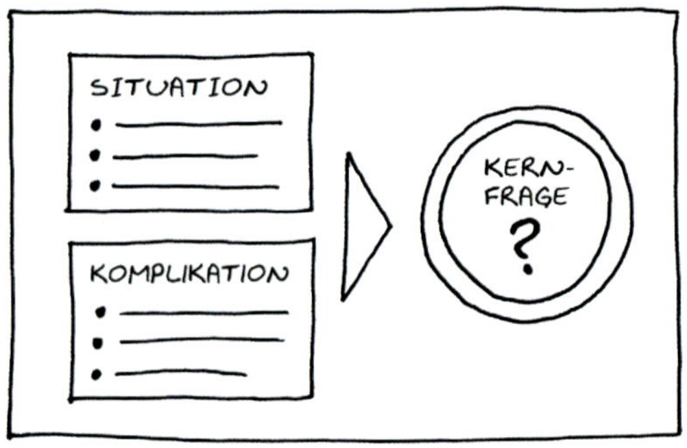

Danach nennen Sie die in Schritt 2 erarbeitete Kernfrage, die aus Sicht des Adressaten relevant ist und mit diesem idealerweise bereits abgestimmt wurde. Dies ist die einzige Stelle in der gesamten Business-Präsentation, an der Sie eine Frage stellen sollten. Da auf der Folgeseite gleich die Antwort in Form der Kernbotschaft steht, **entsteht ein Pull-in-Effekt:** Der Adressat stimmt den situativen Fakten und Komplikationen zu und wird durch die abgeleitete Kernfrage neugierig auf die Antwort gemacht.

DER HAUPTTEIL

Nun folgt auch gleich ebendiese Antwort in Form der Kernbotschaft: **DIE zentrale Aussage und Aufhänger zugleich.** Sie entscheidet darüber, ob Ihr Adressat »mitgeht« oder nicht, ob er zusammen mit Ihnen die Lösung des Problems verstehen will, ob er neugierig auf mehr ist. Damit das funktioniert, muss die Kernaussage automatisch beim Adressaten das Frage-Antwort-Spiel auslösen, das bereits im Kapitel 5 im Zusammenhang mit der Kernbotschaft erwähnt wurde: »Das klingt spannend, erzählen Sie mir mehr«, wäre ein perfekter Reflex des geneigten Adressaten Ihrer Business-Präsentation.

Der Adressat sollte nun »drin« sein in Ihrem Thema, Sie sollten sein Interesse gewonnen haben, sodass Sie nun mit Ihrer Argumentation beginnen können. **Prinzipiell lassen sich zwei Formen einer Storyline im Hauptteil unterscheiden: die Logische Kette und die Logische Gruppe.** Wichtig ist bei beiden Formen, dass Ihre Ideen streng logisch gruppiert sind. Die Abfolge muss dem Informationsbedürfnis Ihrer Adressaten entsprechen.

DIE LOGISCHE GRUPPE

Sowohl in der vertikalen als auch in der horizontalen Linie können Sie auf zwei Argumentationsmuster zurückgreifen: Logische Gruppe und Logische Kette.

Die Logische Gruppe entspricht dem induktiven Ansatz. Sie wird aus gleichförmigen Argumenten gebildet, deren gemeinsamer Nenner die nächsthöhere Abstraktionsebene bildet. **Hier ist wieder der »Goldene Schnitt« gefragt, um die unterschiedlichen Gruppen gleichartiger Gedanken sauber voneinander zu trennen.**

Beispiel: Der Gruppe »Banane« — »Apfel« — »Orange« ist gemein, dass es sich jeweils um eine Obstsorte handelt. Folglich wäre die nächsthöhere Ebene »Obst«.

Die Logische Gruppe ist ergebnis-, empfehlungs- und aktionsorientiert, da durch sie Ergebnisse und Schlussfolgerungen in den Vordergrund gestellt werden. Sie ist der direkte, unmittelbare Weg, um eine Botschaft zu vermitteln.

Vorteile: Ein Vorteil der Logischen Gruppe besteht darin, dass sie das Bedürfnis der Menschen befriedigt, logische Muster zu bilden – die innere Verbindung einer Gruppe durch ein gemeinsames Subjekt kann unser Adressat leicht nachvollziehen und verifizieren. Ein weiterer Vorteil: Das Argument auf der nächsthöheren Abstraktionsebene bleibt stabil, auch wenn eines der untergeordneten Argumente widerlegt werden sollte. Selbst wenn Sie aus der Gruppe »Banane« – »Apfel« – »Tomate« die »Tomate« revidieren müssten, bliebe das »Obst« auf der nächsthöheren Ebene noch unangetastet – Ihre Pyramide würde also nicht kippen.

Nachteil: Da die Logische Gruppe in erster Linie als akzeptiert betrachtete Fakten, Ergebnisse und Schlussfolgerungen zusammenfasst, ist diese Form recht direkt für ein Publikum, das erst noch überzeugt werden muss.

Wir verwenden dieses Konstrukt, wenn es sich um konsensuale Argumente handelt oder die überwiegende »Beweislage« ausreicht. Bezogen auf die Pyramide sollte eine Logische Gruppe zwischen zwei und maximal fünf Argumentationsboxen beinhalten.

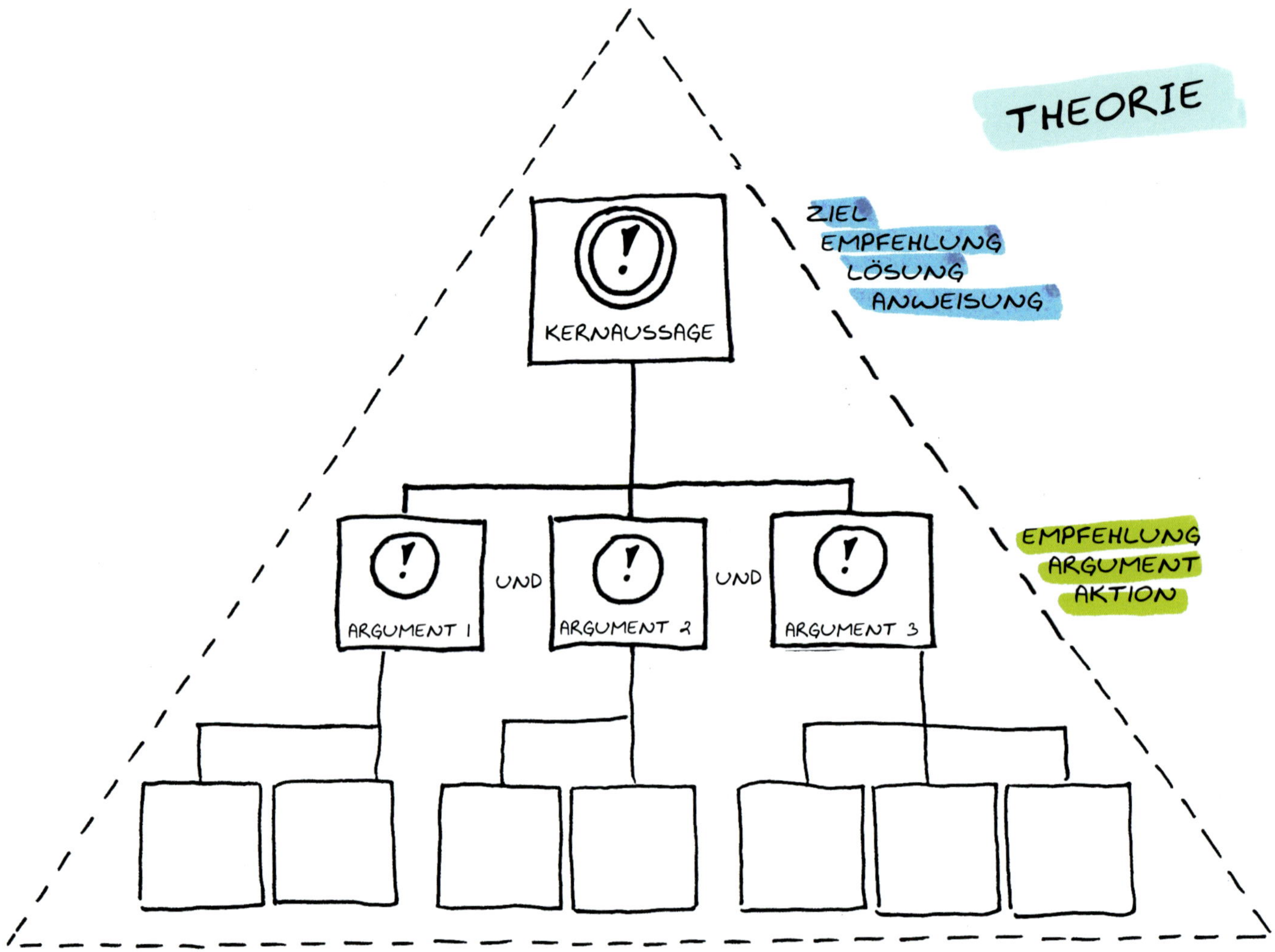

DIE LOGISCHE GRUPPE (THEORIE)

PRAXIS

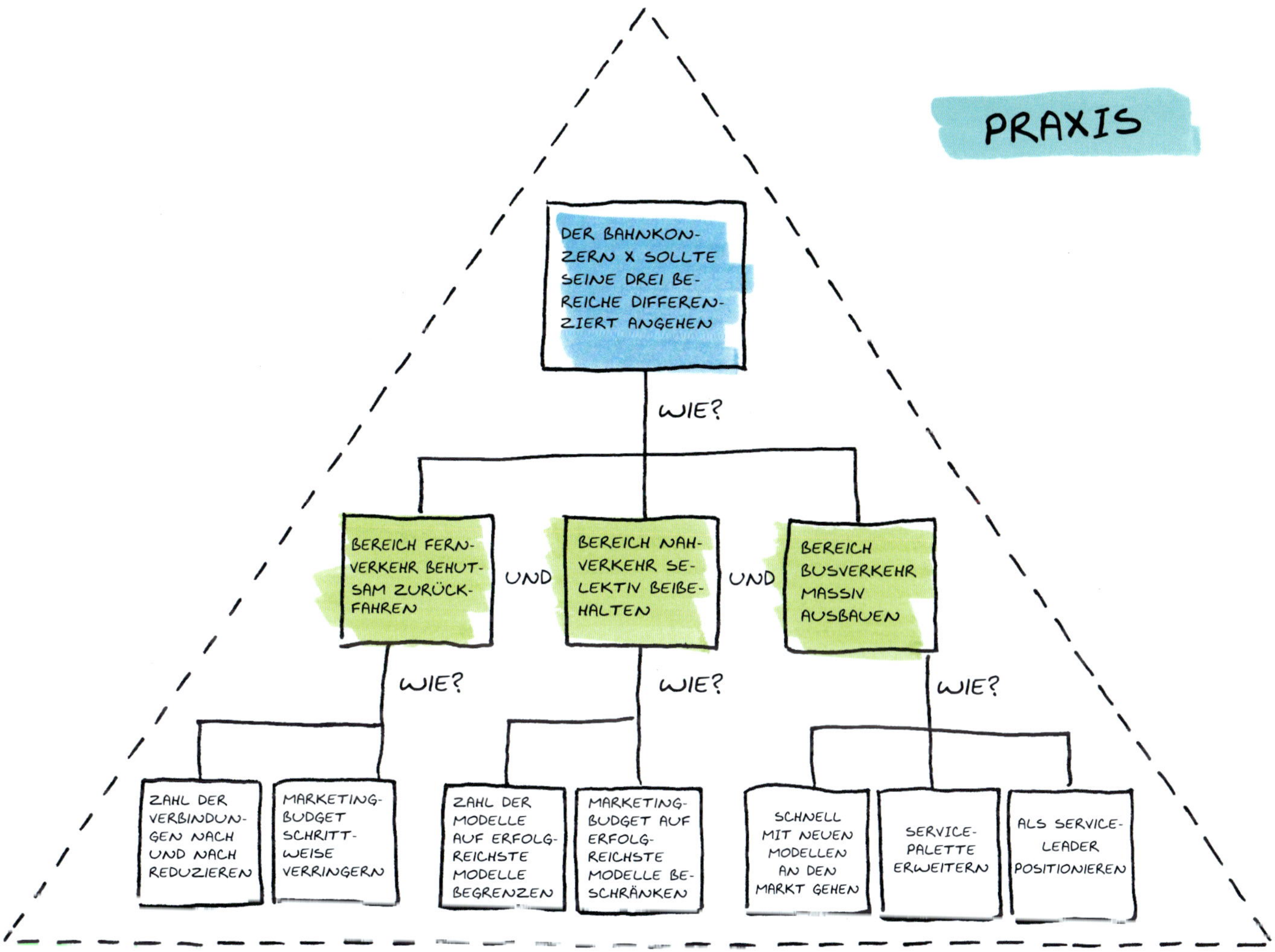

DIE LOGISCHE GRUPPE (PRAXIS)

DIE LOGISCHE KETTE

Auch bei der Logischen Kette bildet die Kernbotschaft die Spitze der Pyramide, aber die Verargumentierung hat ein deduktives Element. Der Adressat fragt sich direkt nach der Kernbotschaft nach dem **»Warum«,** gefolgt von einem Gegensatz, einem Widerspruch oder einem verstärkendem Element. Der Zweiklang wird dann durch die Schlussfolgerung (Resolution) aufgelöst. **Mit der Logischen Kette wird ein Denkprozess abgebildet und dem Adressaten wird das »Was« und »Warum« vor der Schlussfolgerung detailliert erklärt.** Mit ihr können Sie all jene Argumente herleiten, über die Dissens besteht oder bestehen könnte.

Sie leiten in diesem Argumentationsmuster also auf Grundlage zweier als wahr unterstellter Aussagen eine logische Schlussfolgerung ab. Im ersten Argument treffen Sie eine Aussage über einen Sachverhalt, den Sie mit dem zweiten Argument erweitern. Aus der Verknüpfung beider Aussagen leitet sich die Schlussfolgerung ab.

Vorteile: Die Denkweise und der Weg zur Lösung des Problems werden nachvollziehbar. Sie holen den Adressaten direkt bei seinem »Problem« ab. Die Logische Kette kann eine unangenehme Botschaft abdämpfen und sie kann benutzt werden, um zu zeigen, dass kein anderer als der vorgeschlagene Weg funktionieren wird.

Nachteile: Sie können eine Logische Kette schwer hundertprozentig »wasserdicht« machen. Wird eines der Argumente widerlegt, bricht die gesamte Kette auseinander. In der Folge wäre das Argument auf der nächsthöheren Ebene nicht mehr haltbar.

Anzuwenden ist die Logische Kette daher insbesondere bei strittigen Themen, über die Konsens erzeugt werden soll, und wenn empfohlene Maßnahmen nachvollziehbar begründet werden müssen.

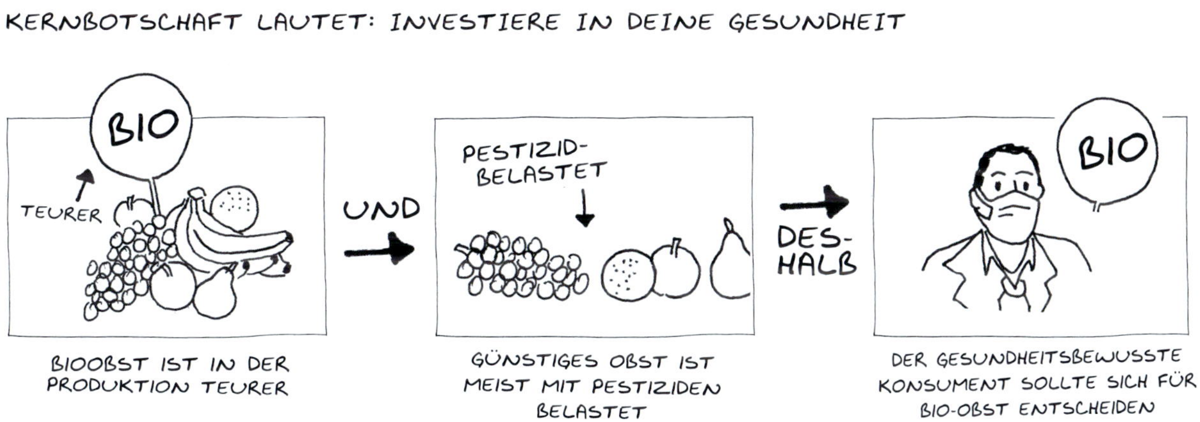

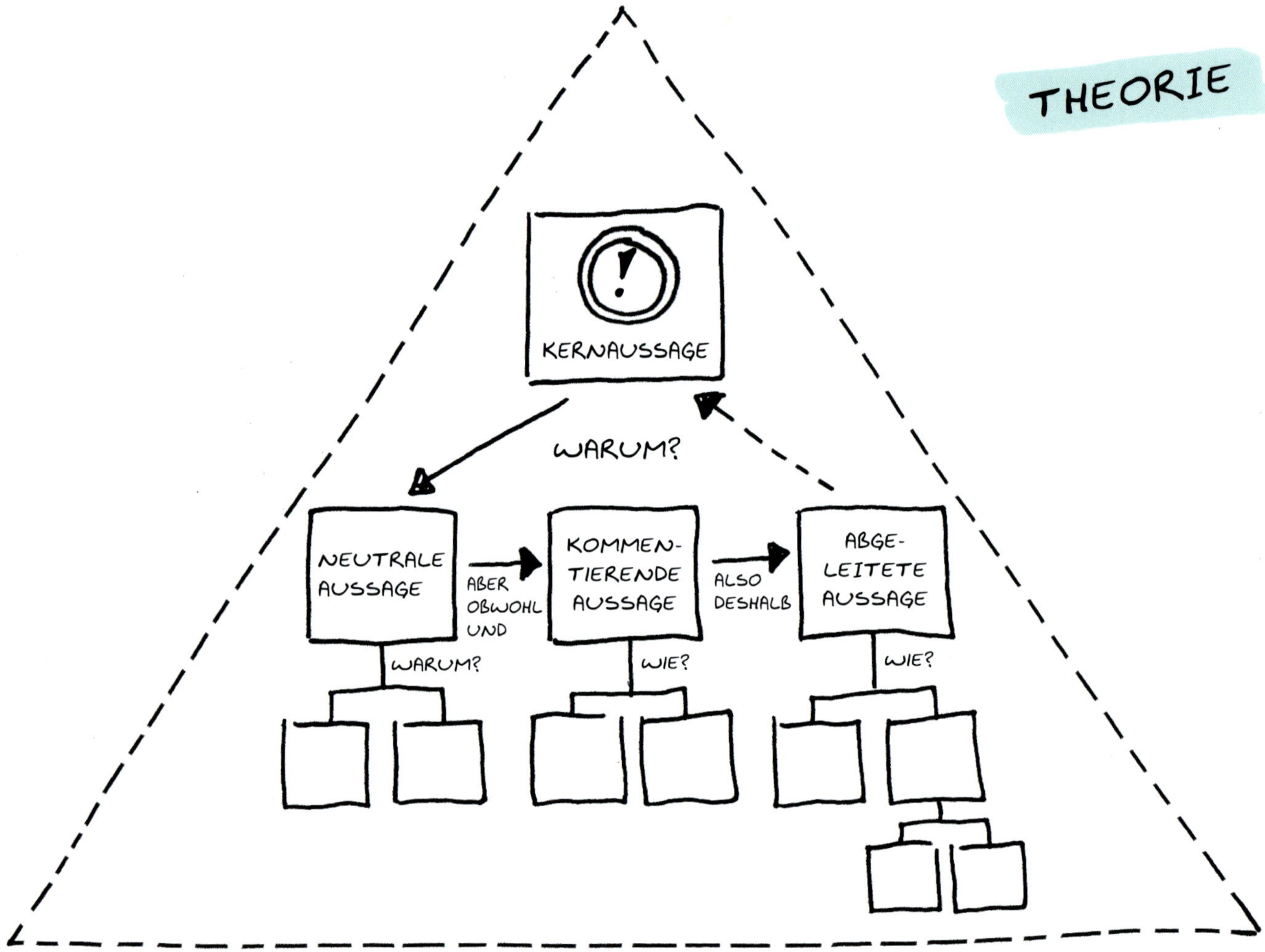

DIE LOGISCHE KETTE (THEORIE)

PRAXIS

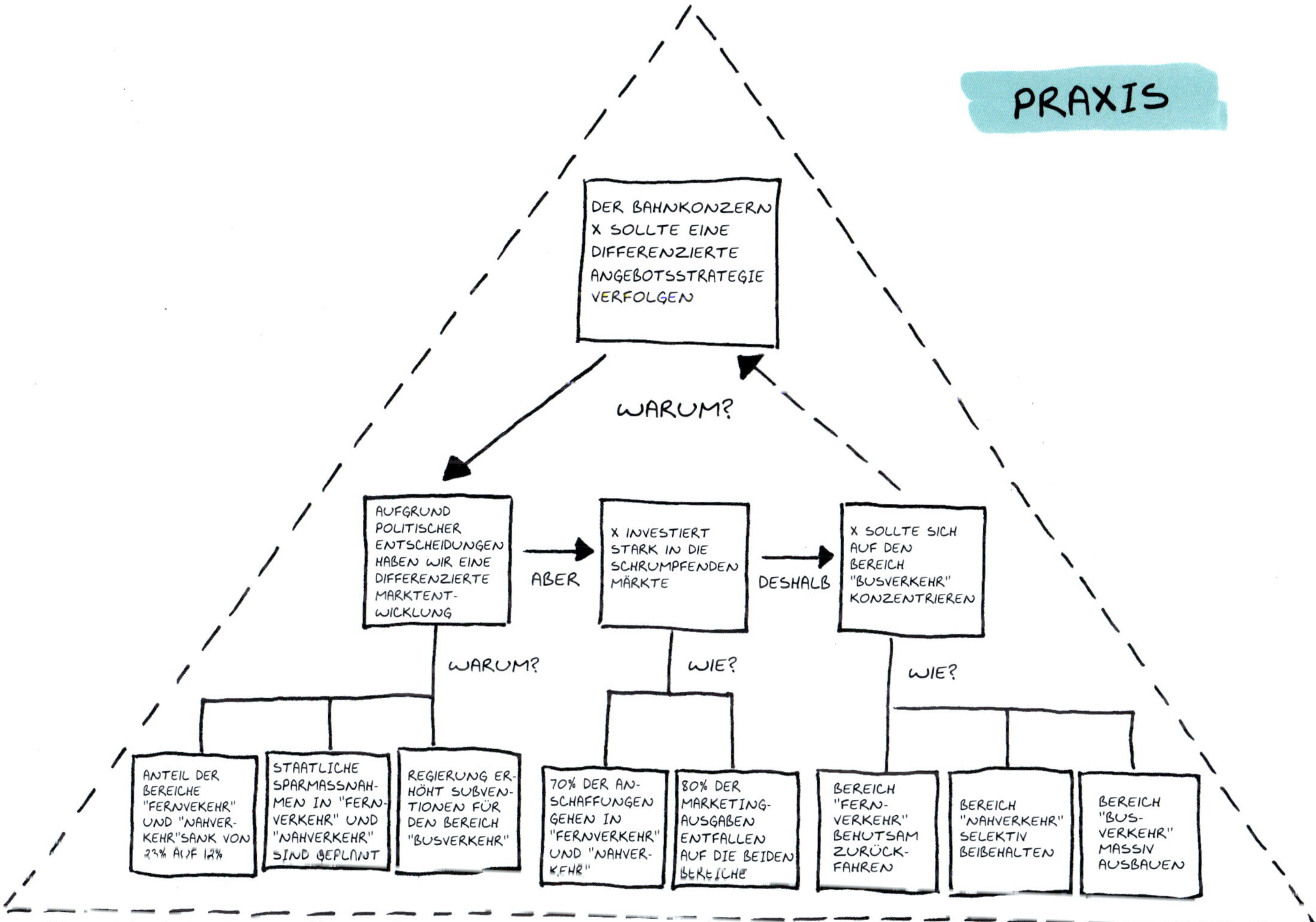

DIE LOGISCHE KETTE (PRAXIS)

LOGISCHE GRUPPE VERSUS LOGISCHE KETTE

Mit der Logischen Gruppe können Sie prinzipiell auf alle Fragen des Adressaten, die die Kernbotschaft anregen sollte, antworten: warum?, wie?, was?, wer? etc. Warum sollten wir ins Ausland expandieren? Wie bauen wir unser Vertriebsnetz auf? Was macht den Markt so attraktiv? usw.

Demgegenüber beantwortet die Logische Kette immer die Frage nach dem »Warum« direkt nach der Botschaft in der Ebene darüber.

Grundsätzlich können Logische Ketten und Logische Gruppen kombiniert werden. Am Ende der Aussagen sollte der Adressat gedanklich zum Ergebnis kommen, dass alles klar ist, dass alles logisch klingt, sodass die vorgeschlagenen nächsten Schritte angegangen werden können. Wenn Sie das erreicht haben, waren Sie erfolgreich. Logik lässt sich nicht entkräften.

Der nachfolgende Vergleich zeigt die Unterschiede von Logischer Gruppe und Logischer Kette.

MERKMALE	LOGISCHE GRUPPE	LOGISCHE KETTE
	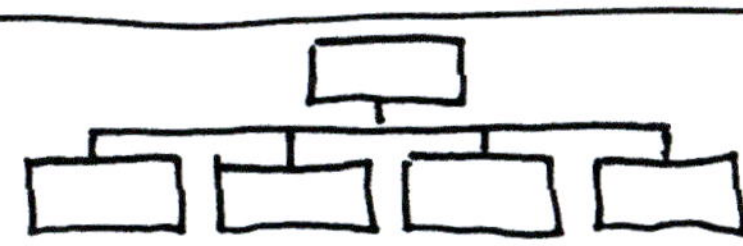	
→ KERNAUSSAGE	NUR EINE	NUR EINE
→ FRAGE NACH KERNAUSSAGE	UNTERSCHIEDLICH (WARUM, WIE, WAS)	IMMER "WARUM"
→ ANZAHL KÄSTCHEN	2-5	IMMER NUR 3
→ ANWENDUNG	• BEGRÜNDUNGEN UND AKTIONEN AUFZEIGEN • BEI EMPFÄNGLICHEN ADRESSATEN	• ARGUMENTATION • HANDLUNGSNOTWENDIGKEIT ZEIGEN • BEI SCHWIERIGEN ADRESSATEN
→ VORTEIL	EINFACHE HANDHABUNG LEICHTE NACHVOLLZIEHBARKEIT FÜR ADRESSATEN	EINFACHE HANDHABUNG LEICHTE NACHVOLLZIEHBARKEIT FÜR ADRESSATEN
→ NACHTEIL	PERSPEKTIVENWECHSEL SCHWIERIG (Z. B. VOM WARUM UND WIE)	FALLS SITUATION ODER KOMMENTIERENDE AUSSAGE ANGREIFBAR, FÄLLT ARGUMENTATION ZUSAMMEN

DAS GÜTE-SIEGEL ÜBERPRÜFT DIE QUALITÄT UNSERER AUSSAGEN

Ziel Ihrer ganzen Bemühungen ist eine überzeugende, logisch aufgebaute und argumentativ sauber abgestützte Abfolge von Aussagen, die in ein konkret umsetzbares Handlungsziel münden.
Um zu überprüfen, ob Ihre einzelnen Strukturierungsebenen auch wirklich logisch »sauber« und allgemein verständlich sind, benutzen Sie einen einfach anzuwendenden Qualitätscheck, der von Roland Berger Strategy Consultants als GÜTE-Siegel definiert wird.

GÜTE bedeutet:

G = GLEICHARTIG

Die Aussagen müssen die gleiche Diktion haben. Das bedeutet, sie müssen inhaltlich und formal gleichartig aufgebaut und formuliert sein. Durch diese Gleichförmigkeit können Adressaten der Argumentation leichter folgen, sie sichert mithin das Verständnis und den Fluss der Erzählung.
Beispiel: *»Wir sollten unsere Vertriebsstrategie ändern.« Zu dieser Botschaft sollten beispielsweise folgende Unterpunkte gleichartig formuliert werden:*

→ *Im Land A senken wir die Preise.*
→ *Im Land B bieten wir die komplette Produktpalette an.*
→ *Im Land C setzen wir auf ein Multichannel-Konzept.*

Ü = ÜBERSCHNEIDUNGSFREI

Die Aussagen müssen sich gegenseitig ausschließende Bereiche betreffen, also **disjunkt** sein. Dadurch stellen Sie eine stringente Argumentation sicher.

Beispiel: *Eine Business-Präsentation mit den Themenbereichen »Zusammenfassung, Liquidität, Ergebnis, Marktteilnehmer, Wettbewerber« ist nicht überschneidungsfrei aufgebaut und dadurch voraussichtlich nicht einfach zu verstehen. Besser wären überschneidungsfreie Themen wie »Ergebnis, Umsätze, Kosten, Liquidität«.*

T = TREFFEND

Um Missverständnisse zu vermeiden, sollten alle Aussagen **prägnant und treffend** formuliert sein. Persönliche Wertungen haben z. B. nichts in einer faktenbasierten Business-Präsentation zu suchen, da diese auf Skepsis und Ablehnung stoßen. Wir konzentrieren uns nur auf Fakten.

Beispiel: *»Die Kosten sind über Budget um 2% gestiegen«, ist eine treffende Anmerkung. Wenn Sie stattdessen schreiben würden: »Eine signifikante Steigerung der Kosten ist zu erwarten«, so ist diese Aussage nicht treffend.*

E = ERSCHÖPFEND

Die Aussagen einer Ebene müssen **alle relevanten Fakten und Argumente** berücksichtigen. Nur so bleiben Ihre Thesen tatsächlich unangreifbar.

Beispiel: *»60% aller Importe landen per Schiff in Hamburg, der Rest verteilt sich auf andere Verkehrsträger.«*

DER ABSCHLUSS

Am Ende der Business-Präsentation steht der Schlussteil. Er stellt vor allem den Ausblick bezüglich der nächsten Schritte dar. Hier leiten Sie über zu der Aktion, die Sie beabsichtigen, also dem Ziel Ihrer Kommunikation. Nutzen Sie den noch frischen Eindruck Ihrer überzeugenden Argumentation, um sogleich Ihre Ziele zu erreichen, d. h. die nächsten Schritte zu verabschieden.

Der Abschlussteil beinhaltet:

Wichtigste Botschaften

Sie liefern ein Exzerpt, eine kurze Zusammenfassung der wesentlichen Erkenntnisse. Aber bitte keinen »alten Wein in neuen Schläuchen«. Sichern Sie immer einen Mehrwert an Erkenntnissen, an jeder Stelle Ihrer Kommunikation.

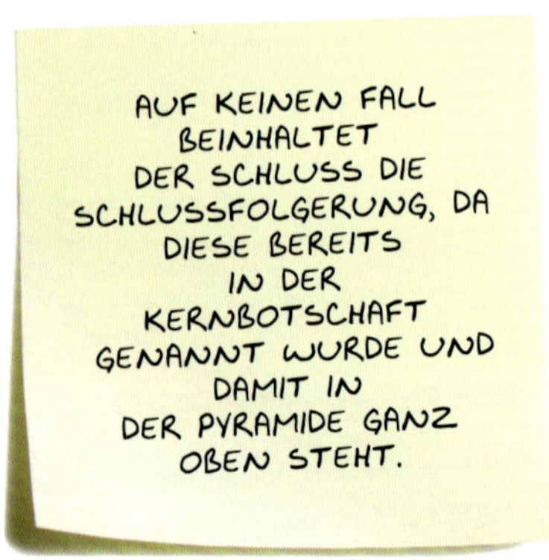

Entscheidungsvorlage

Ebenso sollten Handlungsoptionen aufgezeigt und Empfehlungen ausgesprochen werden. Diese können Sie gegebenenfalls den Teilnehmern im Anschluss, versehen mit Diskussionsergebnissen und etwaigen Bemerkungen, zusenden.

Nächste Schritte

Schließlich beschreiben Sie die daraus folgenden Handlungen mit einem entsprechenden Planungshorizont. Zeitfenster gehören hier ebenso dazu wie die Zuweisung von Verantwortlichkeiten: Wer macht was bis wann? Diese »Next Steps« sollten unbedingter Bestandteil jeder Diskussion und Abstimmung über die Entscheidungsvorlage sein.

DIE PYRAMIDE

Sie sehen schon: Das Tolle an der Pyramide ist, dass sie sich bei jeglicher Form einer Kommunikation einsetzen lässt. Auch bei der täglichen kommunikativen »Kleinarbeit« – etwa in E-Mails – hilft sie uns, unsere Botschaften schneller, verständlicher und effektiver zu vermitteln.

Betrachten Sie etwa die nachfolgenden Beispiele:
Welche E-Mail ist klarer verständlich und wirkungsvoller?

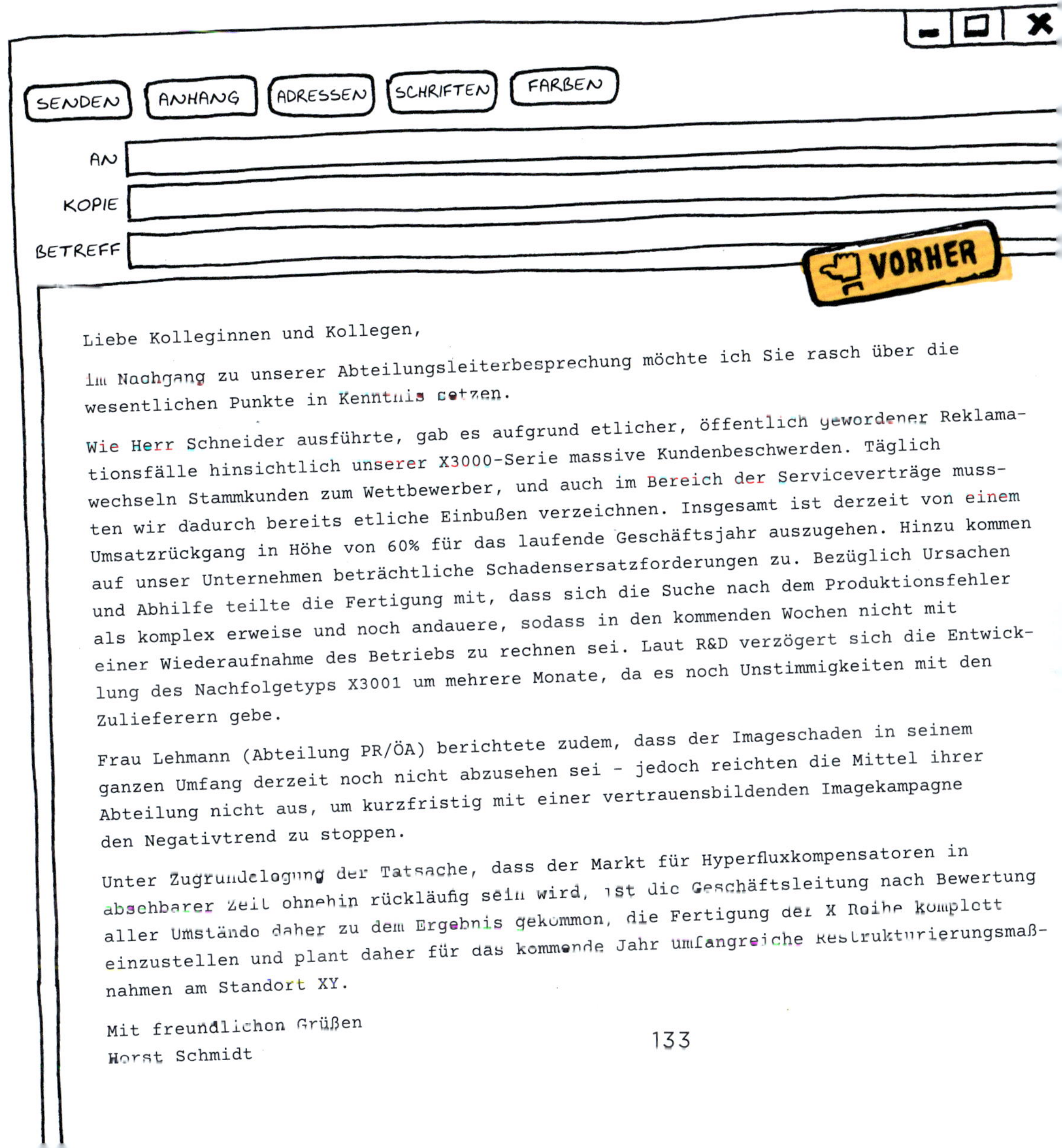

Liebe Kolleginnen und Kollegen,

im Nachgang zu unserer Abteilungsleiterbesprechung möchte ich Sie rasch über die wesentlichen Punkte in Kenntnis setzen.

Wie Herr Schneider ausführte, gab es aufgrund etlicher, öffentlich gewordener Reklamationsfälle hinsichtlich unserer X3000-Serie massive Kundenbeschwerden. Täglich wechseln Stammkunden zum Wettbewerber, und auch im Bereich der Serviceverträge mussten wir dadurch bereits etliche Einbußen verzeichnen. Insgesamt ist derzeit von einem Umsatzrückgang in Höhe von 60% für das laufende Geschäftsjahr auszugehen. Hinzu kommen auf unser Unternehmen beträchtliche Schadensersatzforderungen zu. Bezüglich Ursachen und Abhilfe teilte die Fertigung mit, dass sich die Suche nach dem Produktionsfehler als komplex erweise und noch andauere, sodass in den kommenden Wochen nicht mit einer Wiederaufnahme des Betriebs zu rechnen sei. Laut R&D verzögert sich die Entwicklung des Nachfolgetyps X3001 um mehrere Monate, da es noch Unstimmigkeiten mit den Zulieferern gebe.

Frau Lehmann (Abteilung PR/ÖA) berichtete zudem, dass der Imageschaden in seinem ganzen Umfang derzeit noch nicht abzusehen sei – jedoch reichten die Mittel ihrer Abteilung nicht aus, um kurzfristig mit einer vertrauensbildenden Imagekampagne den Negativtrend zu stoppen.

Unter Zugrundelegung der Tatsache, dass der Markt für Hyperfluxkompensatoren in absehbarer Zeit ohnehin rückläufig sein wird, ist die Geschäftsleitung nach Bewertung aller Umstände daher zu dem Ergebnis gekommen, die Fertigung der X-Reihe komplett einzustellen und plant daher für das kommende Jahr umfangreiche Restrukturierungsmaßnahmen am Standort XY.

Mit freundlichen Grüßen
Horst Schmidt

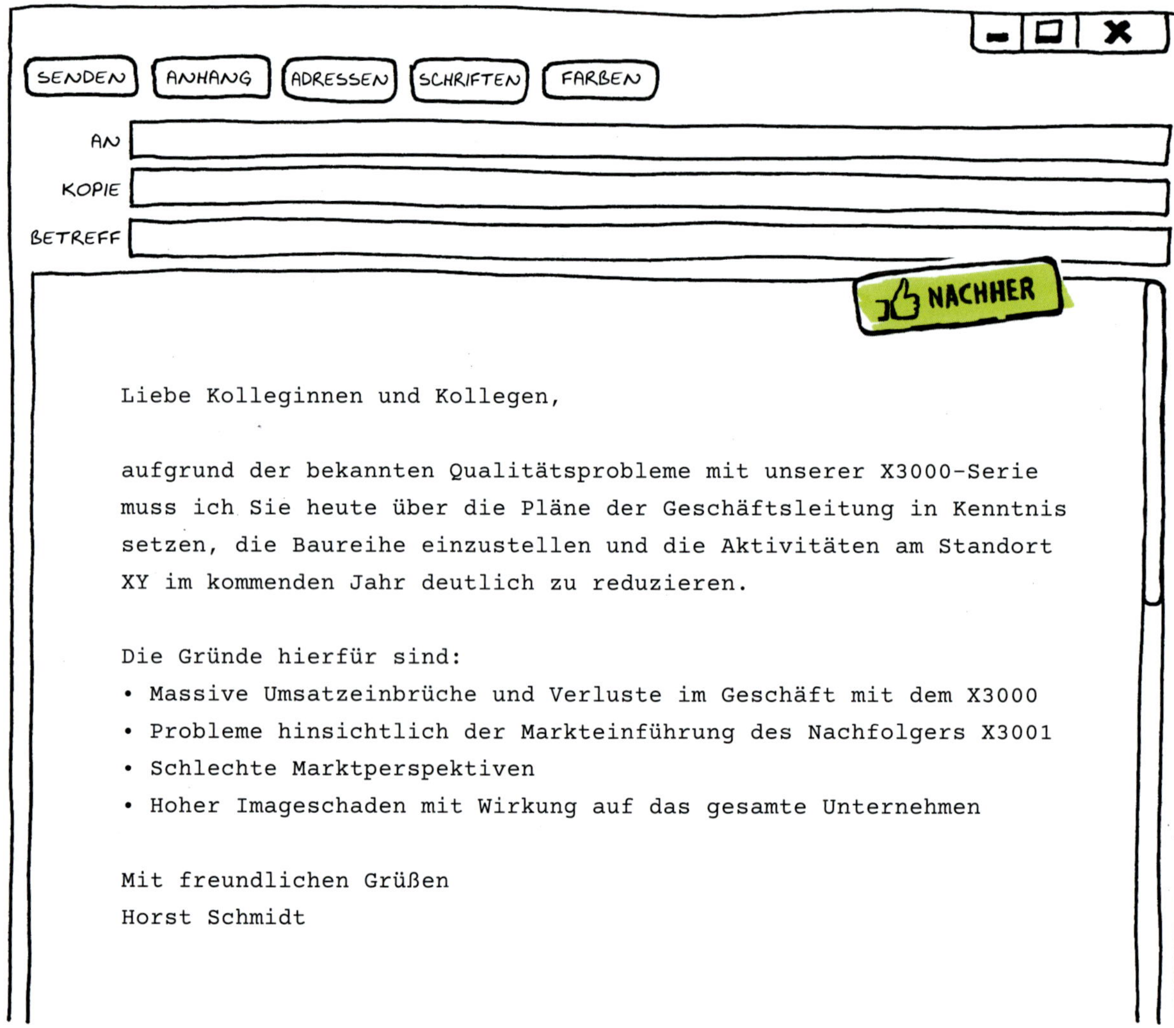

Liebe Kolleginnen und Kollegen,

aufgrund der bekannten Qualitätsprobleme mit unserer X3000-Serie muss ich Sie heute über die Pläne der Geschäftsleitung in Kenntnis setzen, die Baureihe einzustellen und die Aktivitäten am Standort XY im kommenden Jahr deutlich zu reduzieren.

Die Gründe hierfür sind:

- Massive Umsatzeinbrüche und Verluste im Geschäft mit dem X3000
- Probleme hinsichtlich der Markteinführung des Nachfolgers X3001
- Schlechte Marktperspektiven
- Hoher Imageschaden mit Wirkung auf das gesamte Unternehmen

Mit freundlichen Grüßen
Horst Schmidt

CASE: HARRYS GOURMET-IMBISS

Erinnern wir uns an die Kernbotschaft, die Sie im Kapitel 5 für Ihre Präsentation gewählt haben: ***Klasse statt Masse — Das neue Gastronomiekonzept von Harrys Gourmetimbiss setzt auf individuelle Kundenansprache zur Renditesteigerung auf 3%.***

MÖGLICHE "SCHNITTE" UND ABWÄGUNGEN:

- *4 C: für eine Verargumentierung der Kernbotschaft gut geeignet*
- *4 P: gut geeignet für die Verargumentierung auf einer tieferen Ebene, aber auf der ersten Ebene schwierig, da die Überschneidungsfreiheit zwischen Preis und Rendite schwer sicherzustellen ist*
- *Qualitativ-Quantitativ: sehr gut geeignet auf erster Ebene*
- *Angebot-Nachfrage: gut geeignet für die Verargumentierung auf einer tieferen Ebene, vernachlässigt aber Rendite auf erster Ebene*
- *Umsatz-Kosten: sehr gute Verargumentierung der Renditesteigerung, aber das neuartige Gastronomiekonzept kommt auf erster Ebene zu kurz; deshalb guter »Schnitt« auf der nächst tieferen Ebene, aber auf erster Ebene nicht vollständig*
- *Zeit-Kosten-Qualität: Kosten sind nur ein Teilaspekt der Rendite; der »Schnitt« ist auf der ersten Ebene nicht vollständig.*

In unserem Fallbeispiel hatten wir uns in Schritt 3 (Aufgabe strukturieren) für den 4-C-Schnitt entschieden. Für die Argumentation wählen wir nun den »Schnitt« Qualitativ-Quantitativ auf oberster Ebene, um neben inhaltlichen Beschreibungen auch die für eine Bank relevanten Zahlen zu präsentieren.

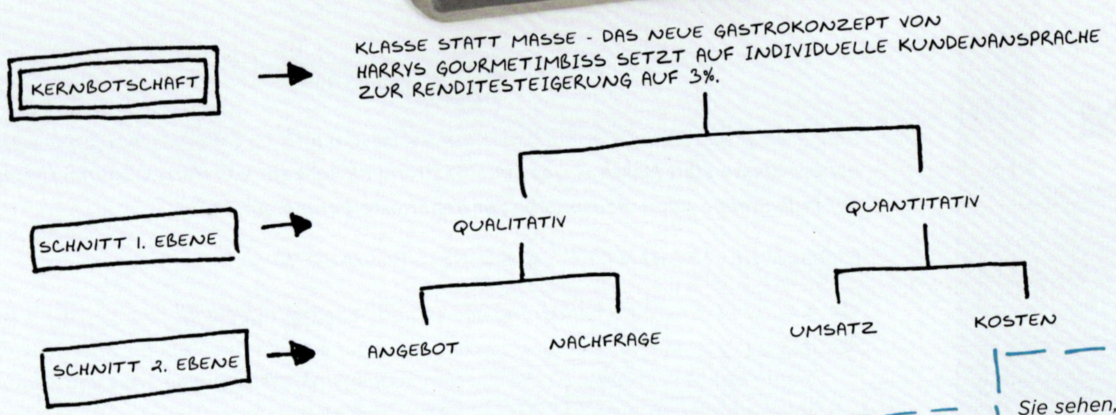

Sie sehen, dass der erste »Schnitt« nach der Kernbotschaft entscheidend ist, um den Fächer der Argumente vollständig zu öffnen. Anschließend können Sie die Schnitte, wie fortfolgend gezeigt, gut kombinieren.

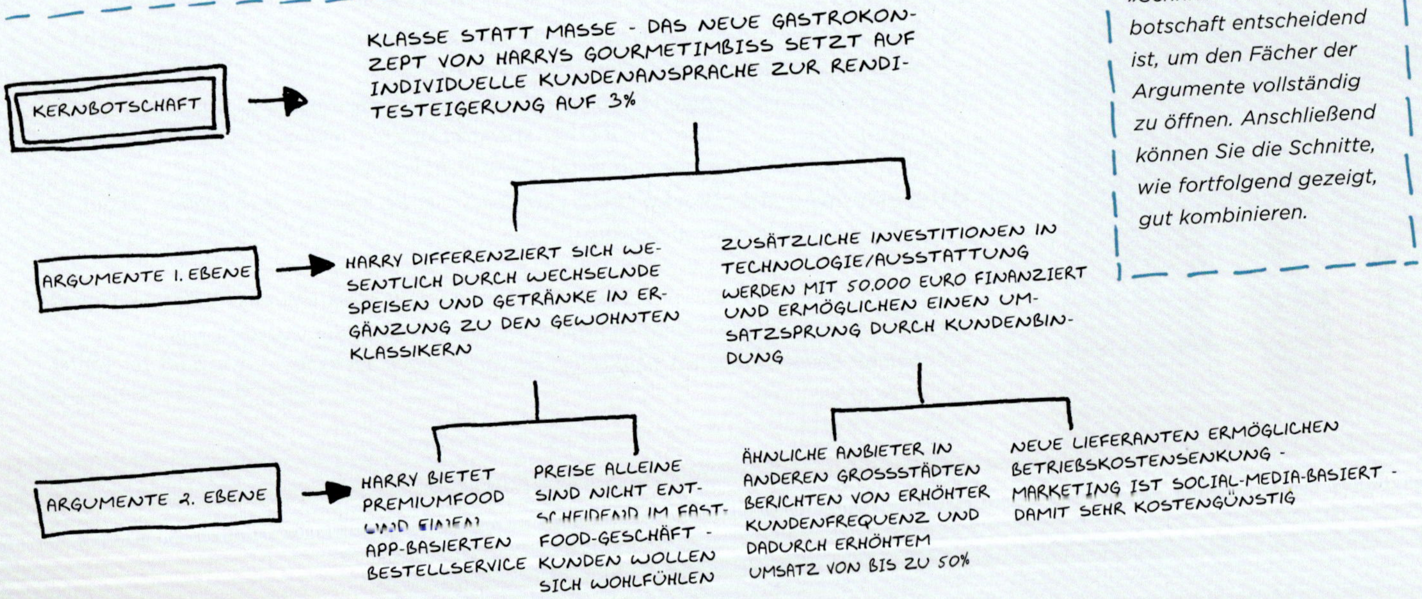

ZUSAMMENFASSUNG

Das pyramidale Prinzip hilft Ihnen, Ihr gedankliches Gebäude logisch und damit überzeugend zu transportieren. Die hierarchisch aufgebaute Storyline nach dem GÜTE-Prinzip hilft Ihnen, das Ziel Ihrer Kommunikation zu erreichen. Die meisten Business-Präsentationen sind nicht logisch und stringent aufgebaut, demnach können Sie sich mit dieser Methodik perfekt differenzieren.

Im Einzelnen bieten sich folgende Arbeitsschritte an:

1. *Formulieren Sie den Abholer nach dem Dreiklang: Situation, Herausforderung und Kernfrage.*
2. *Vermitteln Sie danach die Kernbotschaft.*
3. *Konstruieren Sie anschließend den Hauptteil aus Logischer Kette und/oder als Logische Gruppe. Jede Gruppe muss nach dem MECE-Prinzip vollständig und überschneidungsfrei verargumentiert sein.*
4. *Im Schlussteil stellen Sie die Zielerreichung sicher, indem Sie noch einmal die wichtigsten Botschaften zusammenfassen, Handlungsoptionen und Empfehlungen aussprechen und die nächsten Schritte festlegen.*

PRÄSENTATIONEN VISUALISIEREN — GEBEN SIE IHREN GEDANKEN EIN GESICHT

» EIN BILD SAGT MEHR ALS TAUSENDE WORTE. NUR MALEN SIE DIESEN SATZ MAL.«

UNBEKANNT

VISUALISIERUNG IM SPANNUNGSFELD ZWISCHEN STANDARDS UND KREATIVITÄT

Ein Großteil der Strecke auf dem Weg zur perfekten Business-Präsentation liegt schon hinter Ihnen. Bislang ging es um den Inhalt und die Struktur. Jetzt geht es um das letzte Drittel – die Visualisierung. Im folgenden Kapitel lernen Sie, wie Sie mit einer **guten Mischung aus Standards und Kreativität** Ihre Business-Präsentationen zukünftig gemäß den Regeln des Corporate Designs Ihres Unternehmens oder Kunden visuell ansprechender gestalten und dabei gleichzeitig effizienter vorgehen. Damit Sie am Ende mit Ihrer Business-Präsentation richtig glänzen.

Folgende Inhalte erwarten Sie:

1. **Einfachheit, Prägnanz und Relevanz:** Erfahren Sie, warum diese Prinzipien, die für die Inhaltlichkeit angewendet werden, genauso für die Visualisierung von Business-Präsentationen gelten.
2. **Storyboard:** Lernen Sie, wie Sie ein Storyboard anlegen und warum Sie dabei am besten erst einmal nur mit Bleistift und dem Scribble-Block arbeiten.
3. **Corporate Standards:** Lernen Sie die Logik eines Folienmasters kennen und wie Sie mit Standardelementen Business-Präsentationen sauberer im Corporate Design Ihres Unternehmens erstellen.
4. **Fünf goldene Gestaltungsregeln:** Lernen Sie mit den »Fünf goldene Gestaltungsregeln«, wie Sie Business-Präsentationen professionell am Raster anlegen und bessere Präsentationsergebnisse erzielen.
5. **Kreativität:** Verfolgen Sie an vier Beispielen, wie eine kreative Folie Schritt für Schritt entsteht und wie Sie selbst aus einer einfachen Textfolie eine visuell starke Folie machen.
6. **Sprache:** Holen Sie das Optimum aus Ihren Texten heraus.

1 EINFACHHEIT, PRÄGNANZ UND RELEVANZ

Nach unterschiedlichen Schätzungen **werden täglich zwischen 30 und über 200 Millionen PowerPoint-Folien erstellt.** 250 Millionen Installationen des Programms sollen weltweit im Einsatz sein. Dazu kommt eine steigende Zahl von Wettbewerbsprodukten wie Apples Keynote oder Open-Source-Applikationen. Bereits diese Zahlen vermitteln einen Eindruck davon, welche Bedeutung Business-Präsentationen heute im beruflichen Leben haben. Doch obwohl die Business-Präsentationen weltweit eingesetzt werden, hinkt die Professionalität der visuellen Umsetzung nach wie vor hinterher.

Zwei Drittel einer guten Business-Präsentation beruhen auf einer klaren und prägnanten Inhaltlichkeit und Struktur. Das letzte Drittel auf verständlicher Visualisierung, die Ihre inhaltlichen Botschaften optimal unterstützt. **Dabei ist weniger meistens mehr.** Das ist kein Plädoyer dafür, bei der Umsetzung auf Kreativität zu verzichten. Wohl aber eines dafür, auf Überflüssiges zu verzichten, in der visuellen Umsetzung und Formsprache möglichst einfach und klar zu sein und Kreativität nur dort einzusetzen, wo sie der Untermauerung Ihrer Botschaften dient.

Dass diese Reduzierung und Schlichtheit nicht nur eine Frage des guten Stils ist, beweist auch ein Blick auf entsprechende wissenschaftliche Untersuchungen: Das menschliche Gehirn ist durch zu komplexe und überladene Folien schlichtweg überfordert.

EXKURS

Wie nimmt das menschliche Gehirn visuelle und sprachliche Informationen auf?

Betrachtet man die Arbeitsweise des menschlichen Gehirns hinsichtlich der Aufnahme von auditiven und visuellen Informationen, erkennt man die Vorteile, die in einer gut gemachten Business-Präsentation liegen können: In ihrem sogenannten »Arbeitsgedächtnismodell« haben die britischen Psychologen Alan D. Baddeley und Graham J. Hitch unser Kurzzeitgedächtnis erforscht. **Dabei kommen sie zu dem Schluss, dass wir visuelle und sprachliche Informationen in unterschiedlichen Komponenten verarbeiten.** Gesprochene Wörter werden demnach mittels einer *»Phonological Loop« (phonologischen Schleife)* verarbeitet, wohingegen für visuell-räumliche Informationen ein *»Visuospatial Sketchpad« (räumlich-visueller Notizblock)* zuständig ist. Auditive Informationen gelangen nach Ansicht der beiden Wissenschaftler zunächst in einen passiven phonologischen Speicher, der etwa gesprochene Wörter in Form von Lauten kurz abspeichert, bis sie verblassen. Um das Verblassen zu verhindern, sorgt ein *»Artikulatorischer Kontrollprozess«*, das *»Rehearsal«*, für die Wiederholung der Information – wir sprechen innerlich die Worte nach, wodurch sie präsent bleiben. Damit auch geschriebene Wörter im phonologischen Speicher abgelegt werden können, müssen wir diese zunächst durch aktives inneres Sprechen in Laute umwandeln, also dekodieren.

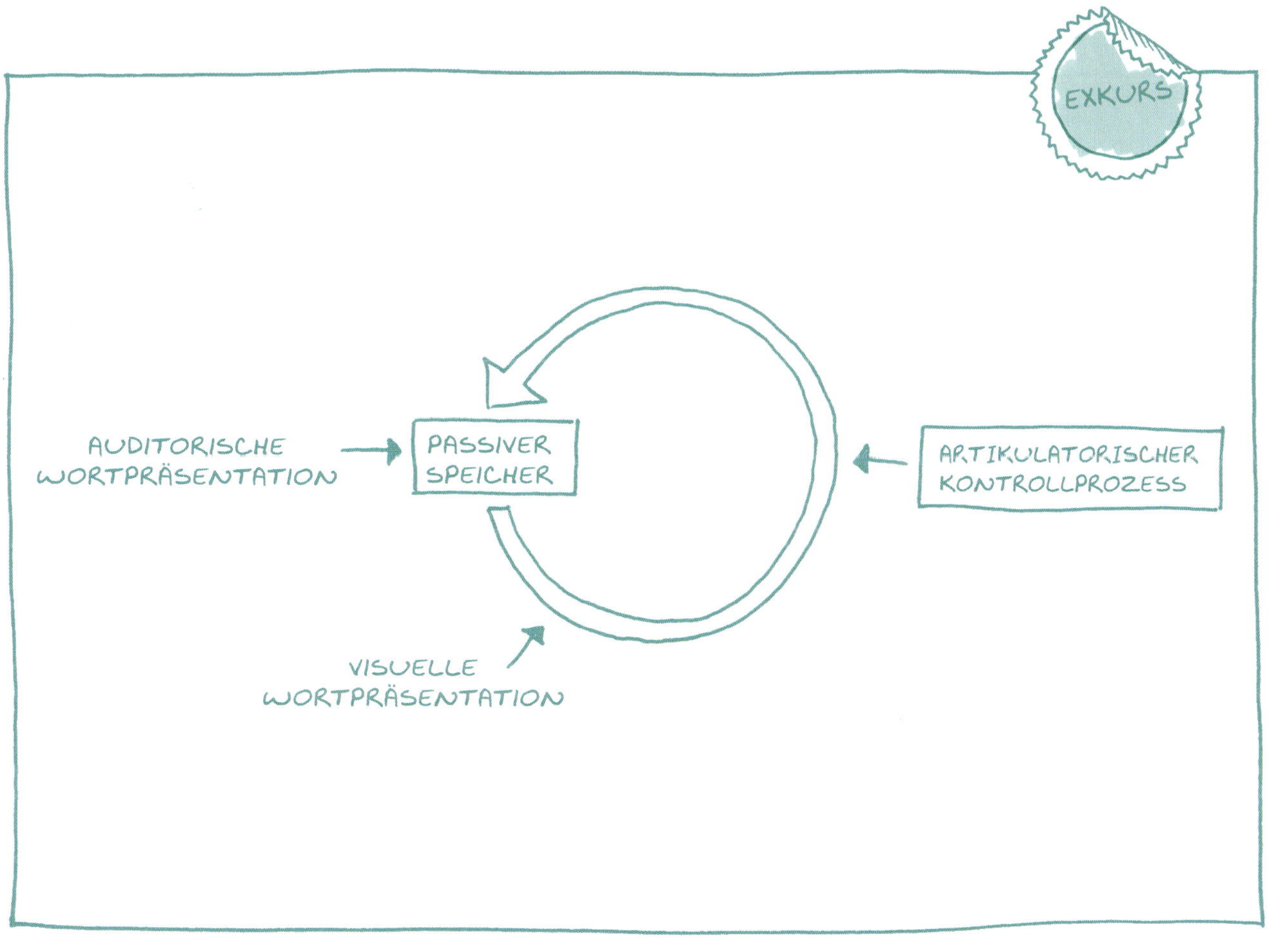
EXKURS
AUDITORISCHE WORTPRÄSENTATION
PASSIVER SPEICHER
ARTIKULATORISCHER KONTROLLPROZESS
VISUELLE WORTPRÄSENTATION

EXKURS

Einen ähnlichen Kurzzeitspeicher haben wir auch für visuelle Informationen: Der *»räumlich-visuelle Notizblock«* speichert mit geringer Kapazität eine (kleine) Anzahl von Objekten ab, wobei die Verarbeitung von räumlichen und visuellen Informationen getrennt verläuft und sich gegenseitig beeinflussen beziehungsweise stören kann.

Nach aktueller Forschung wird das Zusammenwirken von (gesprochenem) Wort und Text bzw. Bild in Präsentationen wesentlich kritischer, geradezu radikal bewertet: So kommen die Pädagogen John Sweller und Paul Chandler in ihrer »Cognitive Load Theory« zu der Erkenntnis, dass die gleichzeitige Aufnahme von auditiven und visuellen Informationen eine erhebliche kognitive Belastung darstellt und das Lernen erschwert. Das für den Lernprozess zuständige Arbeitsgedächtnis mit seiner relativ geringen Kapazität könne hierbei überlastet werden. Bezogen auf multimediale Präsentationen zogen die beiden Wissenschaftler daher den Schluss, dass Präsentationen im Prinzip gänzlich ungeeignet seien, Wissen zu vermitteln. Besser sei es, auditive und visuelle Informationen nicht parallel anzubieten.

Demgegenüber belegt eine Studie der University of North Carolina Wilmington, dass eine den Lernerfolg einschränkende Überlastung des Gehirns insbesondere bei animierten Folien eintritt. Sobald die Pfeile fliegen, die Schriften blinken und die Folien wild durcheinander wirbeln, laufen die grauen Zellen heiß. In dem Test zeigte sich, dass die Probanden sich viel zu stark auf die Animation konzentrierten – vom Inhalt bekamen sie indes nicht mehr allzu viel mit. Nicht verschwiegen werden sollte jedoch, dass die meisten Testkandidaten die Animationen aber recht unterhaltsam fanden.

2 STORYBOARD

Am Anfang der Umsetzung einer guten Business-Präsentation steht ein wohlüberlegtes Storyboard, welches später als **inhaltliche und auch erste grafische Vorlage** für die zu erstellende Business-Präsentation verwendet wird.

Vorab: Ein Storyboard ist keine präsentationsspezifische Erfindung. Vielmehr wurde es in der Werbung für die Entwicklung von Werbespots entwickelt. Stellen Sie sich vor, Sie sind Creative Director einer Werbeagentur und stehen vor der Aufgabe, einen Werbespot für ein bestimmtes Produkt umzusetzen. Was tun Sie als erstes? Sie überlegen sich die Handlung und wie Sie die Vorzüge Ihres Produkts in dieser Handlung besonders gut hervorheben können. Um Ihre Idee dem Kunden und dem Produktionsteam zu vermitteln, skizzieren Sie den Film und die wichtigsten Szenen. So bekommen alle, die an dem Film beteiligt sind, Sie selbst eingeschlossen, eine Vorstellung von der Handlung und können diese entsprechend umsetzen.

Nichts anderes tun Sie auch zu Beginn der Visualisierungsphase Ihrer Business-Präsentation. **Ihr Rechner ist zu diesem Zeitpunkt noch ausgeschaltet.** Am besten nutzen Sie einfach Notizblock und Bleistift oder Kugelschreiber. Manchmal kann auch der Einsatz von Post-its nützlich sein. Oder Sie erarbeiten die Business-Präsentation gemeinsam am Flipchart.

Für Ihre nächste Business-Präsentation nehmen Sie also die Rolle eines Creative Directors oder Regisseurs ein. Ihr Ausgangspunkt ist die inhaltliche Storyline, die Sie in den vorangegangenen Kapiteln erarbeitet haben; dort haben Sie die wichtigsten Botschaften für Ihre einzelnen Folien entwickelt. Schreiben Sie die Botschaften in Form von ausformulierten Überschriften zunächst auf einzelne Blätter oder kleine Post-its, die Ihre späteren Einzelfolien repräsentieren. Oder legen Sie sich ein großes Blatt an, auf dem Sie die einzelnen Folien einfach mit einem Rahmen nebeneinander skizzieren. Finden Sie Ihren eigenen Weg und probieren Sie auch immer mal wieder eine andere Technik aus. Und wer gar nicht auf seinen Rechner verzichten kann, der kann das Storyboard natürlich auch in digitaler Form erstellen.

Sie haben zuvor Ihre Storyline nach dem pyramidalen Prinzip Folie für Folie entwickelt. **Die Überschriften bilden nun das Gerüst für Ihr Storyboard und geben ausformuliert die Storyline wieder.** Sobald diese steht, wenden Sie sich dem nächsten Schritt zu: Überlegen Sie, wie Sie die zentralen Aussagen Ihrer Folien mit Schaubildern illustrieren können.

Gute Schaubilder machen Argumente sichtbar und bleiben so noch besser im Gedächtnis des Betrachters. Wie wir später noch sehen werden, steht uns dabei eine ganze Reihe von »Grafik- und Schaubildtypen« zur Verfügung — vom einfachen Diagramm bis hin zu komplexen Strukturgrafiken. **Aber Vorsicht:** Lassen Sie sich dabei nicht von den »Visuals« um ihrer selbst willen leiten. Im Vordergrund steht immer die Inhaltlichkeit.

Was ist der Vorteil des Storyboards? Sie haben zu jeder Zeit und sehr leicht die Möglichkeit, Ergänzungen, Abwandlungen oder auch Vertiefungen mit in das Storyboard zu scribbeln und es weiter zuentwickeln, ohne dass Sie sich schon jetzt mit den Hürden der Bedienung von Präsentationstools auseinandersetzen müssen.

Sie werden sehen: Das Scribbeln befreit tatsächlich den Geist. Sie werden viel offener an Ihre Aufgabe herangehen, neue Dinge ausprobieren und auch wieder verwerfen – bis Sie die richtige Form gefunden haben.

Das Storyboard ist – wieder einmal – Kopfarbeit. Nutzen Sie Ihr Kopfkino! Und denken Sie daran: Sie sind der Creative Director und planen einen Film, in dem eine Szene in die nächste greift.

③ CORPORATE STANDARDS

Wir alle kennen die Kollegen, die bei der Visualisierung ihrer Business-Präsentationen regelmäßig ihr verstecktes Künstlergen entdecken. Da wird aus einem Manager plötzlich ein Picasso oder Performancekünstler. Animierte Logos konkurrieren mit bunten Grafiken und Cliparts um Aufmerksamkeit. Tatsächlich sind die Versuchungen der Technik gewaltig. PowerPoint und vergleichbare Programme bieten heute eine wahre Fülle an Effekten. Insbesondere im Bereich der Animation werden ständig neue Features ergänzt – und einige greifen beherzt zu in dem Glauben, eine vermeintlich trockene Materie dadurch aufzupeppen.

Das Ergebnis: Die Business-Präsentation kommt einem visuellen Overkill gleich, in dem am Ende die Botschaften Ihrer Folien auf der Strecke bleiben. Was zeichnet aber eine wirklich gelungene Business-Präsentation aus? Die Antwort fällt nicht unbedingt überraschend aus: die richtige Mischung aus der Verwendung von Standards und die eine Prise Kreativität, die das gewisse Etwas ausmacht.

Über allem steht das oberste Gebot: Nutzen Sie zunächst die Möglichkeiten, die Ihnen durch die Verwendung der Standards gegeben sind. Erst dann werden Sie kreativ.

Wenn Sie Folgendes beachten, ist der Einstieg in die professionelle Visualisierung Ihrer nächsten Business-Präsentation geschafft:

- → Machen Sie sich bestens mit Ihrem Folienmaster vertraut und nutzen Sie ihn. Wenn es keinen Folienmaster gibt, erstellen Sie einen. Ohne einen gut eingerichteten Folienmaster können Sie keine gute Business-Präsentation erstellen.
- → Nutzen Sie Gliederungsfolientypen, um Ihre Business-Präsentation zu ordnen.
- → Machen Sie sich die Standardelemente (z. B. alle Platzhalter) Ihrer Business-Präsentation bewusst und nutzen Sie sie richtig und immer an den gleichen Positionen Ihrer Folien.
- → Beachten Sie die »Magischen Drei«: Nutzen Sie jeweils nur maximal drei Farben, Schriftgrößen, Strichstärken und Formen pro Folie.

Schauen wir uns die relevanten Standards im Detail auf den Folgeseiten an.

CORPORATE STANDARDS: DER FOLIENMASTER

In den meisten Unternehmen finden Sie Gestaltungsstandards und Richtlinien. Nutzen Sie diese. Dazu gehört der **Folienmaster** im Corporate Design Ihres Unternehmens, der das grundsätzliche Design Ihrer Business-Präsentation definiert. Weitere Unterlagen wie eine **Guideline** sowie eine **Folienbibliothek** mit besonders häufig verwendeten Standardfolien gehören bereits zur Ausstattung von anspruchsvollen Unternehmen.

Der Folienmaster ist Ihr zentrales Dokument bei der Erstellung Ihrer Business-Präsentation. Er ist Ihr Dreh- und Angelpunkt für die visuell gelungene Business-Präsentation. Neben klar definierten Gestaltungsregeln beispielsweise für die Positionierung des Logos oder der Kopf- und Fußzeilen enthält der Folienmaster auch immer einen vordefinierten Anker für die Platzierung von Informationen und Texten. Halten Sie sich strikt an die zugeordneten Positionen, werden Sie feststellen, dass jede Folie ein einheitliches Basislayout hat. So ergibt sich auf jeder Seite ein weißer Rahmen, der Ihren Folien ein geordnetes Erscheinungsbild gibt. Achten Sie zusätzlich darauf, dass Sie nur die vordefinierten Farben, Schrifttypen und -größen verwenden und legen Sie Ihre Schaubilder nach einer konformen Logik und Formensprache an.

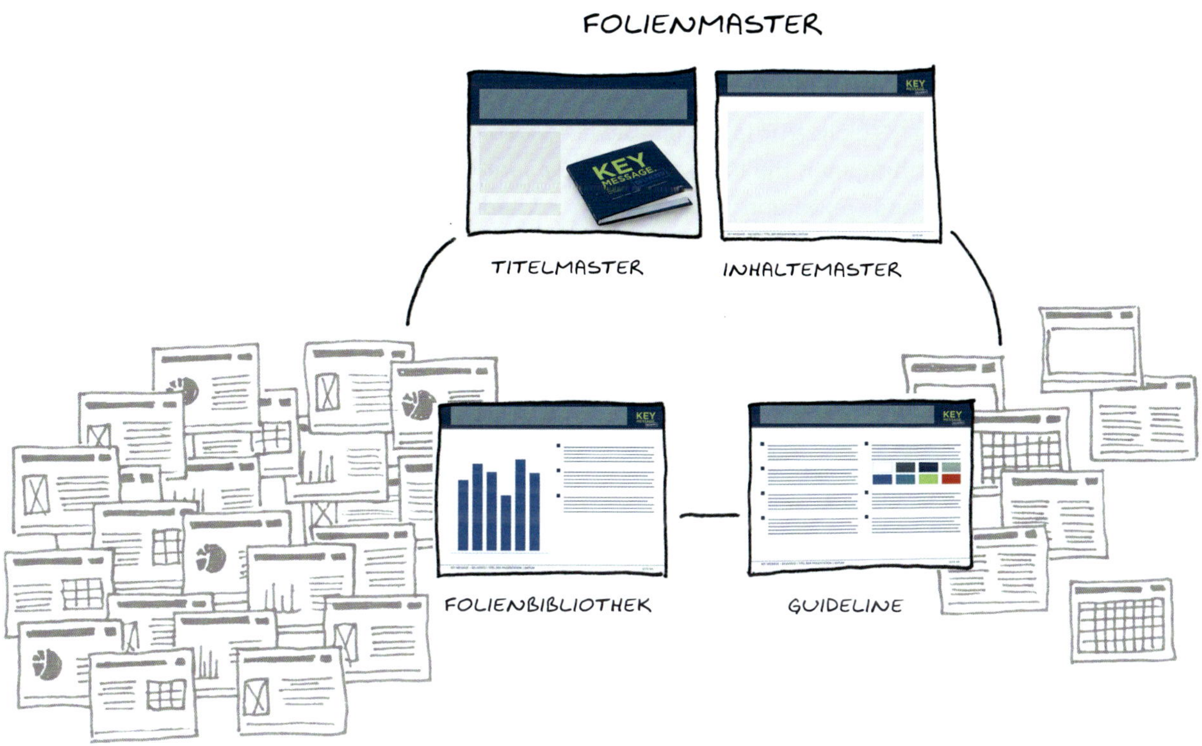
FOLIENMASTER
TITELMASTER
INHALTEMASTER
FOLIENBIBLIOTHEK
GUIDELINE

Durch die Einhaltung der Corporate Standards erreichen Sie nicht nur, dass die Business-Präsentation schnell und zweifelsfrei Ihrem Unternehmen zuzuordnen ist, sondern erzielen auch einen höheren Wiedererkennungseffekt. Gleichzeitig erhöhen Sie die Lesbarkeit und verbessern die Verständlichkeit Ihrer Inhalte. Das Gehirn kann die Informationen wesentlich besser verarbeiten, wenn Elemente wie Überschriften, Sublines, Texte und Grafiken immer wieder an den gleichen vordefinierten Stellen auftauchen. Inhaltliche Bezüge werden schneller hergestellt, die gesamte Business-Präsentation wirkt konsistent und in sich harmonisch. Auch wenn Sie neue Elemente einfügen, sollten Sie darauf achten, dass Sie die Vorgaben insbesondere zu Größen und Abständen einhalten.

Sollten Sie auf keinen bestehenden Folienmaster zurückgreifen, fängt Ihre Arbeit einen Schritt früher an. **Bevor Sie die erste Folie umsetzen, machen Sie sich zunächst Gedanken, welche Gestaltungsstandards und -richtlinien Sie verwenden wollen** und definieren Sie diese fest in Ihrer Präsentationsvorlage. Erst dann beginnen Sie mit der visuellen Umsetzung einzelner Folien. Dieser zusätzliche Schritt ist wichtig. Sie werden feststellen, dass Sie dadurch bei der Erstellung dieser und weiterer Business-Präsentationen viel Zeit sparen und wesentlich einfacher ein konsistentes Erscheinungsbild erzielen.

CORPORATE STANDARDS: GLIEDERUNGSFOLIEN

Die Verwendung sogenannter Gliederungsfolien hilft Ihnen, Ihre Business-Präsentation inhaltlich klarer und einfacher zu strukturieren. Folgende Folientypen bestimmen den Grundaufbau:

TITELFOLIE

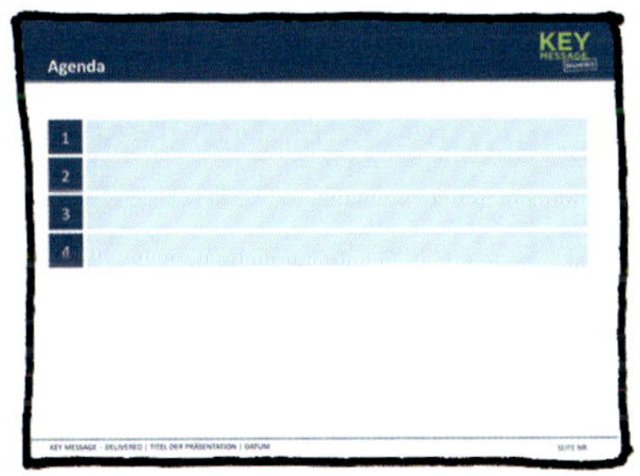

AGENDA/INHALTSVERZEICHNIS (OPTIONAL NACH BEDARF)

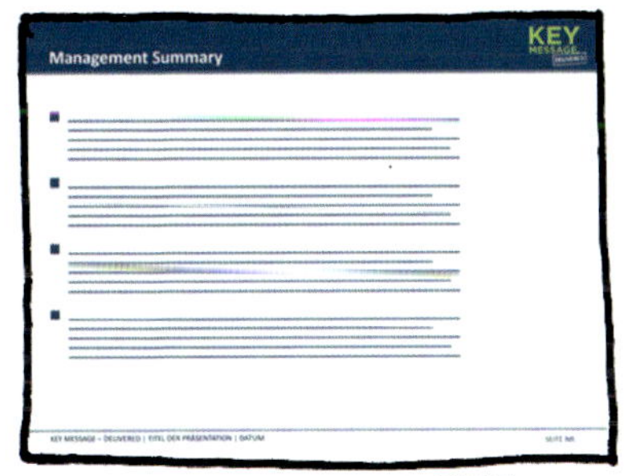

MANAGEMENT SUMMARY (OPTIONAL NACH BEDARF)

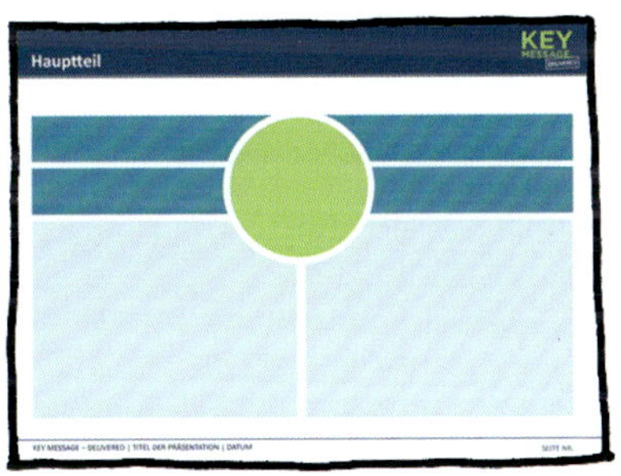

HAUPTTEIL MIT EINLEITUNG UND ABSCHLUSS

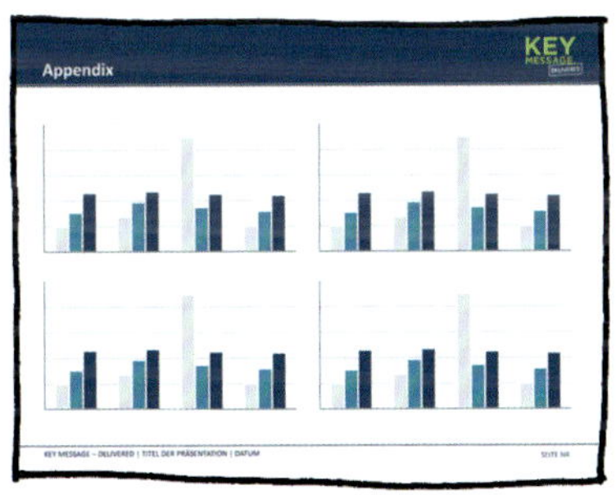

APPENDIX/ANHANG (OPTIONAL NACH BEDARF)

Titelfolie

Beginnen Sie Ihre Business-Präsentation mit einem Deckblatt. Vergegenwärtigen Sie sich die besonderen Anforderungen an diese Folie: Ihre Titelfolie sollte eine bedeutsame Botschaft Ihrer Business-Präsentation enthalten und auf das Thema einstimmen. Da diese Folie den Anfang einer Business-Präsentation bildet, bleibt sie häufig besonders lange sichtbar, bevor die eigentliche Präsentation startet. Nutzen Sie diese Möglichkeit, um Ihre Botschaft im Titel abzusetzen.

Folgende Angaben sollten auf einer Titelfolie enthalten sein:

- Titel,
- weiterführender und erklärender Untertitel (optional),
- Typ der Business-Präsentation wie beispielsweise Zusammenfassung, Zwischenpräsentation, Diskussionspapier, Kick-off-Meeting, Strategiepapier oder Entscheidungsvorlage,
- Name des Adressaten/Klienten (optional),
- Name des Referenten,
- Ort und Datum der Business-Präsentation.

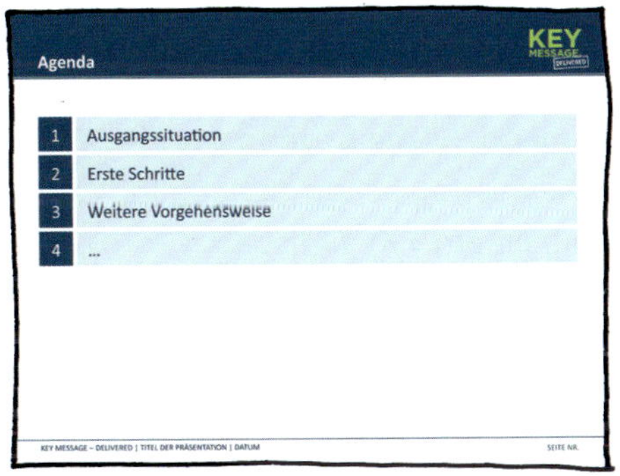

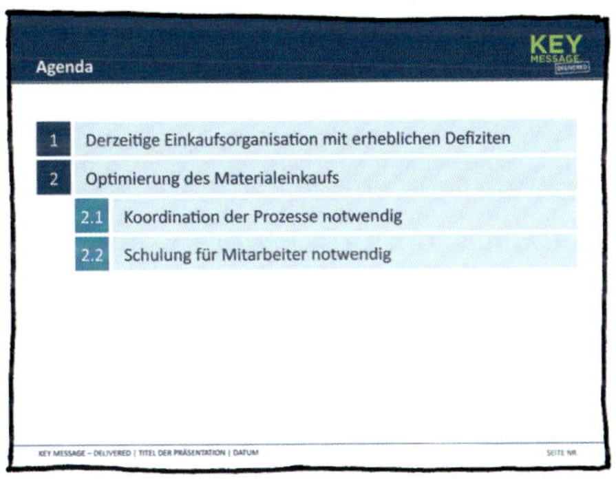

Agenda / Inhaltsverzeichnis

Nach der Titelfolie folgt optional die Agenda-Seite, die die Struktur der Business-Präsentation aufzeigt und deutlich macht, was den Zuhörer erwartet. Für die Formulierung Ihrer Agenda lassen sich zwei klassische Herangehensweisen unterscheiden:

Beim **konventionellen Inhaltsverzeichnis** geben Sie lediglich die obersten Gliederungsebenen an und nummerieren diese mit A, B, C, ... oder 1., 2., 3., ... durch. Auf diese Weise verschaffen Sie dem Publikum gleich zu Beginn der Business-Präsentation einen kompakten Überblick über die Gesamtunterlage.

Detaillierter ist das sogenannte **»sprechende Inhaltsverzeichnis«.** Hierbei werden die einzelnen Gliederungsebenen noch um die nächste, untergeordnete Ebene erweitert, sodass sich ein umfassenderes Bild der zu erwartenden Inhalte ergibt.

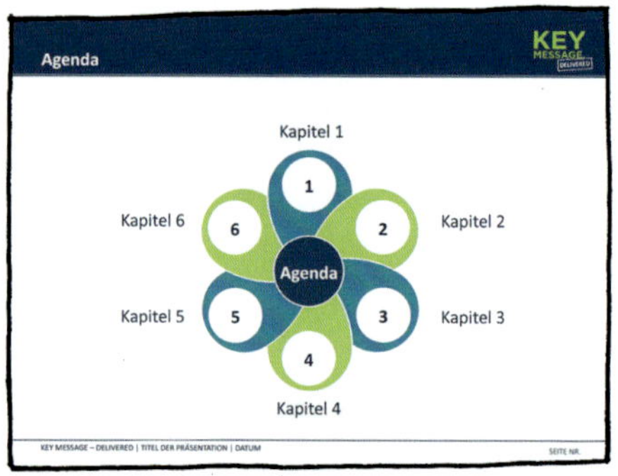

Bezüglich der **Gestaltung einer Agendafolie** haben Sie verschiedene Möglichkeiten. Neben der reinen Textform etablieren sich zunehmend visuell geprägte Agendamaster, z. B. in Gestalt eines logischen Schaubildes oder als Kapiteltrennblatt mit einem »Key Visual« (Foto), das das aktive, relevante Kapitel anzeigt.

Bei kurzen Business-Präsentationen benötigen Sie entweder keine Agenda oder führen diese nur einmal am Anfang der Business-Präsentation ein. Im Fortgang der Business-Präsentation könnten Sie beispielsweise mit einer Roadmap arbeiten. Bei umfangreicheren Business-Präsentationen sollten Sie zwingend Kapiteltrennblätter verwenden, die am Anfang eines jeden neuen Kapitels stehen und Ihre Business-Präsentation zusätzlich strukturieren. Ihre Kapiteltrennblätter sollten dabei eins zu eins der zentralen Agendaseite am Anfang der Business-Präsentation entsprechen. Nutzen Sie dann Highlights, um das jeweils aktuelle Kapitel hervorzuheben.

Management Summary

Eine pyramidal aufgebaute Business-Präsentation macht ein Management Summary eigentlich obsolet. Es kann aber auch ein zusätzlicher »Service« sein, um die Zielgruppe »Entscheider« mit Ihren wichtigsten Botschaften abzuholen.

In der Regel handelt es sich bei einem Management Summary um reine Textinformationen, die visuelle Gestaltung nimmt eine eher nachgeordnete Rolle ein. Das Gute ist: Wenn Sie sauber gearbeitet, Ihr Thema vollständig durchdrungen und die Kerngedanken Ihrer Analyse logisch geordnet haben, dann ergibt sich das Management Summary automatisch aus den Kerngedanken der einzelnen Folien. Die Auflistung der zentralen Botschaften sollte im Wesentlichen die verdichtete Zusammenfassung enthalten, die in dem Management Summary von Ihnen erwartet wird.

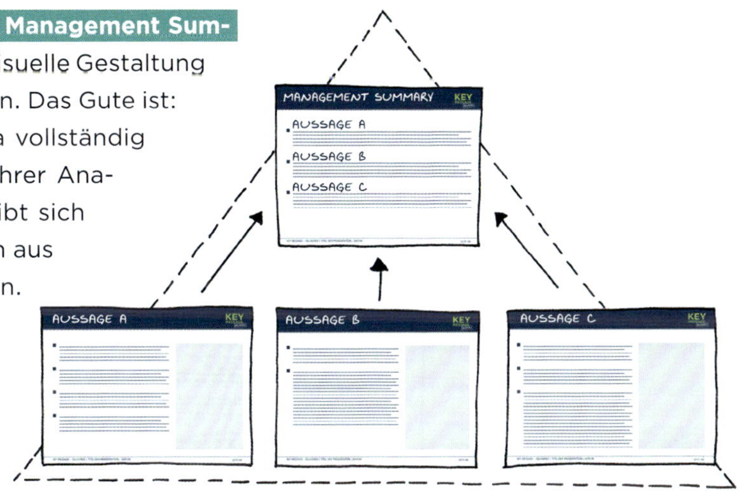

AGGREGATION DER "ÜBERSCHRIFTEN" ZU EINEM MANAGEMENT SUMMARY

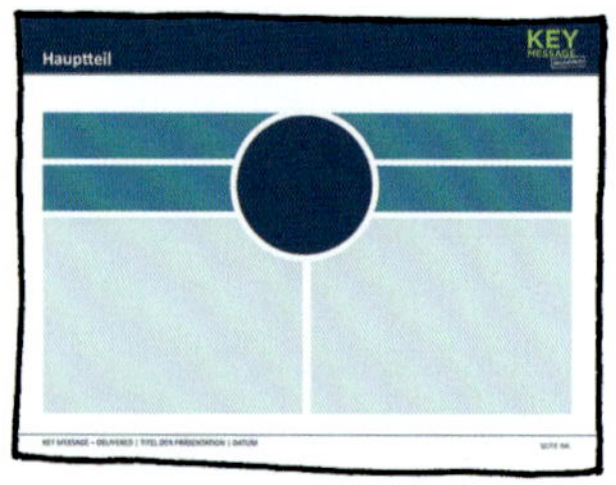

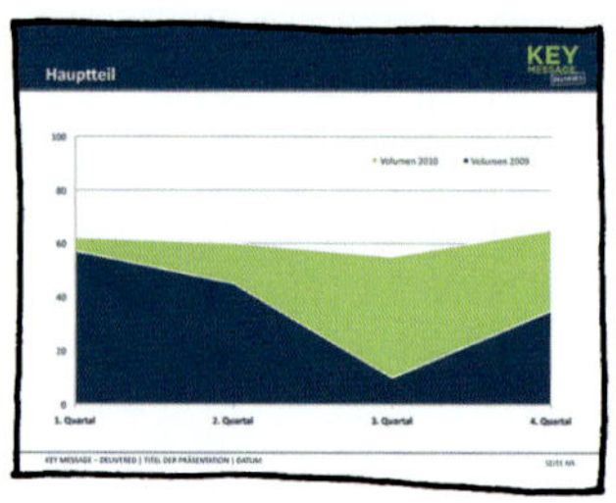

Hauptteil

Nun folgt der eigentliche Hauptteil der Business-Präsentation. Das heißt: Ihre komplette, pointierte Analyse, die vorzugsweise stark ergebnisorientiert aufbereitet ist.

Dazu gehören auch selbstverständlich eine Einleitung und ein Schluss, der das Fazit und beispielsweise auch die nächsten Schritte enthält.

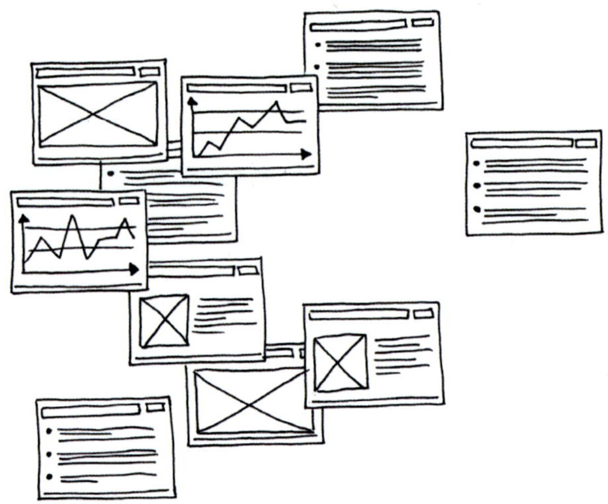

Appendix/Anhang

Sollte es das Thema erfordern, bringen Sie weiterführende Hintergrundinformationen, die zum Verständnis des Hauptteils erforderlich sind, in einem separaten Anhang unter. Nutzen Sie den Appendix beispielsweise, um weiteres Zahlenmaterial oder Darstellungen aus Studien zu ergänzen.

Wichtig: Wenn Sie Ihre Business-Präsentation per E-Mail versenden, schicken Sie diesen Teil nicht mit; er dient Ihnen als Fundus bei Nachfragen und bedarf daher keiner eigenen Storyline.

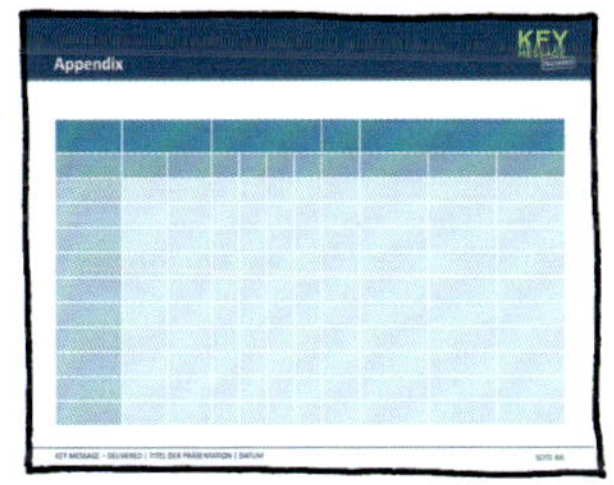

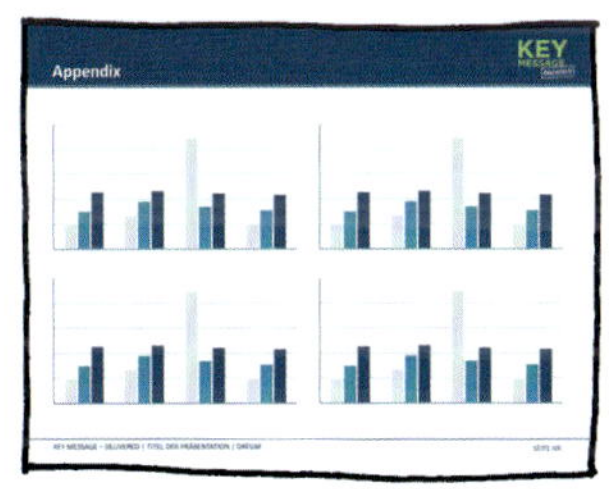

CORPORATE STANDARDS: STANDARDELEMENTE FÜR EINZELNE FOLIEN

So wie der Gesamtaufbau einer Business-Präsentation bestimmten Standards folgt, unterliegt auch jede Einzelfolie definierten Gestaltungsstandards, die Sie bei der Erstellung Ihrer nächsten Business-Präsentation berücksichtigen sollten:

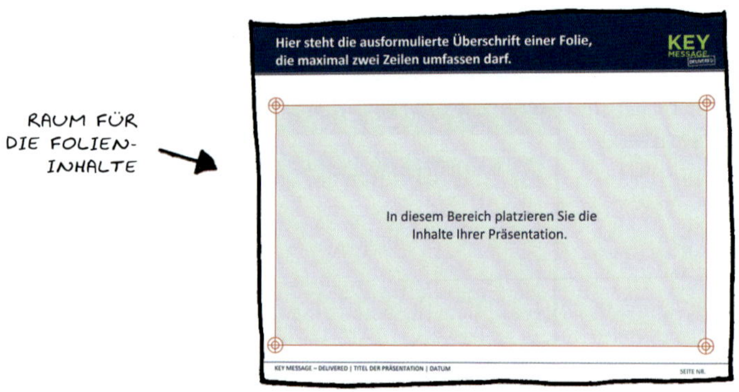

Die Überschrift einer Folie

Jede Folie hat eine zentrale Botschaft und damit eine zentrale Aussage. Stellen Sie sicher, dass diese Aussage selbsterklärend ist und den später zu visualisierenden Inhalt der Folie auf den Punkt bringt. Formulieren Sie diese als Überschrift, die Sie wie ein Motto jeder einzelnen Folie voranstellen.

Unterhalb der Überschrift befindet sich der Raum für Ihre detaillierten Aussagen. Dieser Bereich sowie dessen Abgrenzungen nach oben und unten, links und rechts ist **maßgeblich für die Platzierung von Inhalten auf einer Folie.** Mit der Gestaltung der Inhalte beginnen Sie immer links oben. Sofern Ihr Folienmaster noch keinen Platzhalter dafür vorsieht, können Sie mit einheitlich positionierten leeren Boxen dafür sorgen, dass Ihre Folien den erforderlichen einheitlichen Look erhalten. So stehen Texte und Grafiken immer an den gleichen Stellen und Sie gewährleisten ein konsistentes Layout für Ihre gesamte Business-Präsentation.

Nehmen Sie während der Business-Präsentation Ihr Publikum an die Hand.
Wie gute Navigationsleisten im Internet oder bei Software-Interfaces sollte auch Ihre Business-Präsentation den Betrachter stets darüber informieren, an welcher Stelle er sich jeweils innerhalb der Business-Präsentation befindet und welchen Weg er noch vor sich hat. Hierfür gibt es einige Elemente, die Sie auf Ihren Folien verwenden können:

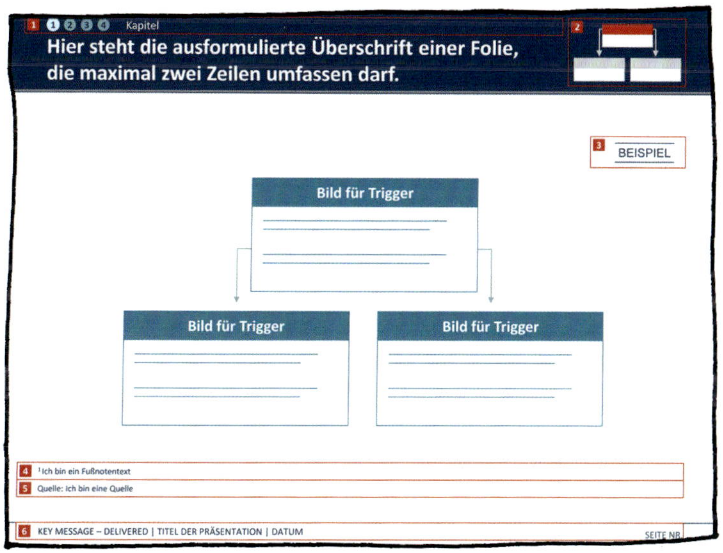

1. **Roadmap:** Visualisiert die jeweilige Position innerhalb einer Business-Präsentation und die noch verbleibende Präsentationstrecke.
2. **Tracker:** Visualisiert die aktuelle Position beispielsweise innerhalb eines Prozesses.
3. **Aufkleber:** Visualisiert Kommentare oder den Status zu einer Folie.
4. **Quelle:** Gibt den Ursprung der Daten und Informationen innerhalb einer Folie wieder.
5. **Fußnote:** Erläutert weiterführende Kommentare zu einem bestimmten Sachverhalt auf der Folie.
6. **Fußzeile:** Mit präsentations-spezifischen Angaben

Roadmap
Mit einer sogenannten Roadmap werden die Position der Folie und der verbleibende Pfad innerhalb der gesamten Business-Präsentation angegeben. Die Roadmap kann textuell oder grafisch gestaltet sein. Üblicherweise platzieren Sie sie am oberen Seitenrand Ihrer Folie. Durch eine farbliche Hervorhebung der aktuellen Position ermöglichen Sie dem Betrachter eine gute Orientierung innerhalb der Business-Präsentation.

Tracker
Der Tracker visualisiert innerhalb eines Kapitels oder bestimmten Sinnabschnitts die Position der jeweiligen Folie. Mit seiner Hilfe lässt sich also beispielsweise in mehrgliedrigen Prozessen der aktuelle Stand ablesen. Je nach Thema und Status einer Business-Präsentation können Sie über die Verwendung weiterer Standardelemente nachdenken.

Aufkleber
Mit Aufklebern, auch »Stamps» oder »Stickern« genannt, platzieren Sie Kommentare wie »vertraulich« oder »vorläufig«. So zeigen Sie den aktuellen Status einer Folie. Achten Sie bei der Verwendung von Aufklebern innerhalb Ihrer Business-Präsentationen unbedingt darauf, dass diese immer exakt an der gleichen Position (beispielsweise oben rechts auf einer Folie) platziert und einheitlich gestaltet sind.

Quellen

Wenn Sie fremdes Ausgangsmaterial beispielsweise aus Statistiken oder Studien verwenden, ist es zwingend erforderlich, die Quellenangaben auf Ihren Folien mitzuführen. Für Quellenangaben und Fußnotentexte gilt: Auch diese sollten sich an einem festen Platz in kontinuierlicher Form wiederfinden, vorzugsweise unten links auf einer Folie.

Fußnoten

Analog zu den Fußnoten in einer wissenschaftlichen Arbeit können Sie auch in einer Business-Präsentation Fußnoten verwenden, um z. B. die Aussagen Dritter oder andere Anmerkungen gesondert zu kennzeichnen.

Fußzeile

In der Fußzeile werden üblicherweise die Copyright-Vermerke Ihres Unternehmens/Kundens sowie präsentationsspezifische Angaben und die Foliennummer notiert.

CORPORATE STANDARDS: DIE MAGISCHEN DREI

Das Prinzip die »Magischen Drei« ist eines der wichtigsten Gebote, die Sie bei der visuellen Umsetzung Ihrer Business-Präsentationen berücksichtigen sollten. Der Kerngedanke ist dabei ganz einfach und leicht zu merken: Verwenden Sie bei der Gestaltung einer Folie jeweils maximal drei unterschiedliche Schriftgrößen, drei unterschiedliche Farben, drei unterschiedliche Strichstärken und drei unterschiedliche Formenelemente.

MERKE Auf einer Folie immer nur:

Wenn Sie sich dieses Gebot einprägen und bestenfalls nicht nur für die Einzelfolie, sondern für Ihre gesamte Business-Präsentation anwenden, werden Sie feststellen, dass Ihre Unterlage automatisch einen viel harmonischeren, strukturierteren und einheitlicheren Eindruck macht.

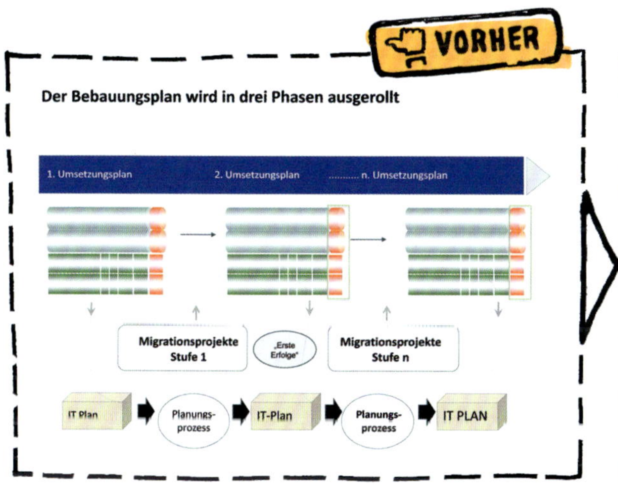

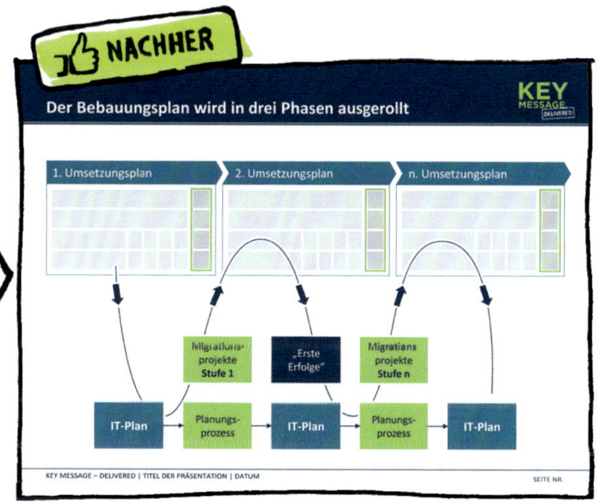

Wenden Sie diese Erkenntnis gleich in einem praktischen Beispiel an: Das Vorher-Schaubild enthält eine Vielzahl von Stilmerkmalen.

Im Einzelnen sind das:

- → verschiedenste Formen,
- → verschiedenste Farben,
- → verschiedenste Strichstärken und Pfeilspitzen,
- → verschiedenste Schreibweisen und Schriftgrößen.

Das Nachher-Schaubild führt durch die Anwendung der »Magischen Drei« zu einem deutlich klareren und prägnanteren Ergebnis. Wenn Sie jetzt noch auf folgende Elemente verzichten, sind Sie auf dem besten Wege, nicht nur eine inhaltlich, sondern auch visuell klar strukturierte Business-Präsentation umzusetzen:

- → keine dreidimensionalen Darstellungen,
- → keine perspektivischen Ansichten,
- → weniger Symbolik,
- → weniger Schraffuren.

EXKURS

Visuelle Gewohnheiten

Damit wir uns im Alltag sicher bewegen und orientieren können, folgt das Sehen und Wahrnehmen unserer Umwelt zum großen Teil erlernten Mustern. Das heißt: Wie wir Dinge »scannen«, was wir sehen (auch was wir sehen wollen), hängt stark von unserem gelernten Verhalten, unseren Sehge-

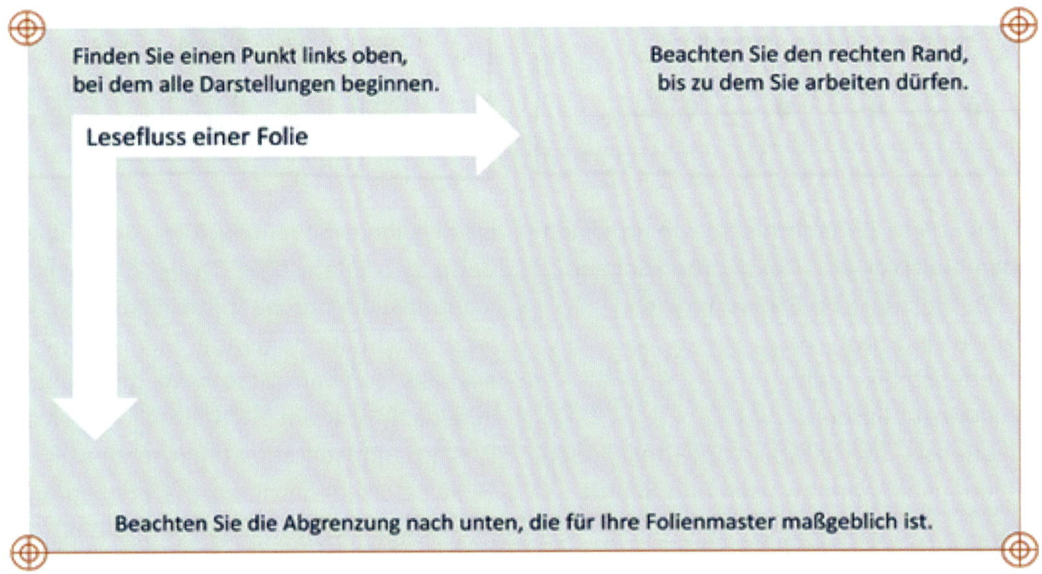

EXKURS

wohnheiten ab. Sehr deutlich wird dies beim Betrachten eines Bilds oder einer Zeitungsseite. Wir sind es gewohnt, von links nach rechts und von oben nach unten zu lesen. Der Blick steigt deshalb zunächst links oben ein und wandert dann nach unten rechts. **Diese natürliche Leserichtung ist auch bei der Erstellung einer Folie zu beachten.**

Behalten Sie bei der Erstellung einer Folie stets die Leserichtung Ihrer Adressaten im Hinterkopf. Sie beginnen links oben mit einem festen Punkt. Meist ist dieser »Beginn der Folie« bereits durch das Design des Folienmasters vorgegeben. Angewendet auf Diagramme und zahlenbasierte Schaubilder bedeutet dies, dass Jahreszahlen aufsteigend in Leserichtung notiert werden. Andernfalls droht hier die Verwirrung des Betrachters, und er nimmt schlimmstenfalls das Gegenteil dessen wahr, was Sie eigentlich ausdrücken wollten. Ebenso platzieren Sie die Y-Achse zwingend immer links, den Null-Punkt unten und nehmen Skalierungen in der Regel proportional vor.

In anderen Kulturkreisen, etwa im hebräischen Sprachraum, wo von rechts nach links gelesen wird, ist die Blickrichtung selbstverständlich entsprechend anders. Wichtig für uns: Diese vorgegebenen Sehgewohnheiten müssen wir beim Erstellen unserer Schaubilder stets im Hinterkopf behalten.

④ FÜNF GOLDENE REGELN

Bis hierhin haben Sie schon die grundlegenden Werkzeuge für die Visualisierung von Business-Präsentationen an der Hand: **Jetzt steigen wir eine weitere Stufe hinauf** und werden mit den fünf goldenen Regeln für die Visualisierung Ihrer Business-Präsentation noch etwas konkreter. Diese »Fünf goldenen Regeln« sind abgeleitet aus der praktischen Arbeit spezialisierter Präsentationsagenturen und bieten natürlich nur einen ersten Einstieg.

Am besten schreiben Sie sich diese fünf Regeln auf einem Extrazettel auf oder machen sich einen Merker in diesem Buch, denn hier geht es um die Kür – zumindest was die Visualisierung von Business-Präsentationen anbelangt.

REGEL ① Denken und arbeiten Sie stets in einem strukturierten Raster.

REGEL ② Verteilen Sie Ihre Inhalte auf einer Folie annähernd gleich.

REGEL ③ Setzen Sie Farben bewusst, logisch, strategisch und vor allem kontrastreich ein und arbeiten Sie die Kernbotschaft eines Schaubilds farblich heraus.

REGEL ④ Nutzen Sie Weißbereiche und legen Sie diese fest, damit Inhalte besser voneinander abzugrenzen sind.

REGEL ⑤ Seien Sie sich im Vorfeld Ihrer Präsentationserstellung darüber im Klaren, ob die Business-Präsentation nur gedruckt oder nur vor Publikum gezeigt werden soll.

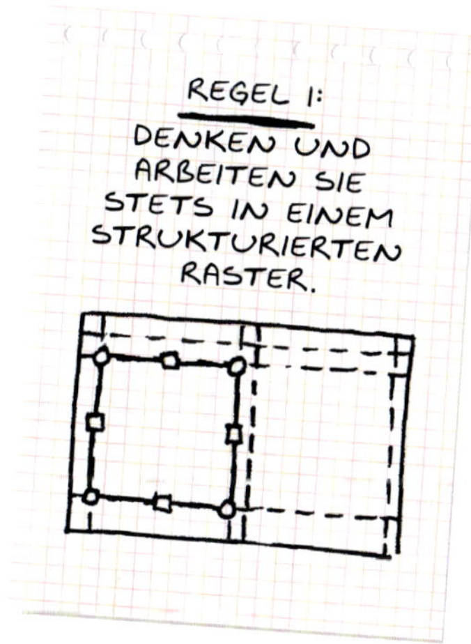

Bei der Erstellung eines Schaubilds ist es hilfreich, sich die Bühne, auf der Sie Ihre Inhalte gestalten können, wie ein kariertes Blatt vorzustellen. Microsoft PowerPoint bietet systemseitig die Möglichkeit, ein entsprechendes Raster im Hintergrund anzulegen, an dem Sie dann die Gestaltung Ihres Schaubilds ausrichten können. Die »imaginäre Rasterung« hilft Ihnen, in Ihrer Business-Präsentation bestimmte Positionen zu definieren, in denen relevante Informationen folienübergreifend platziert werden können. Dies könnte beispielsweise so aussehen:

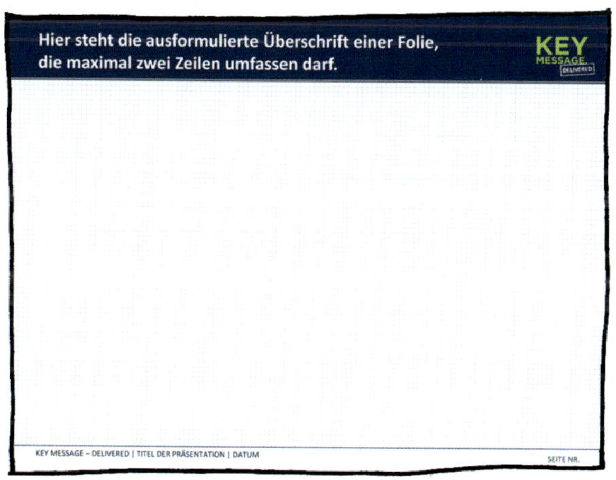

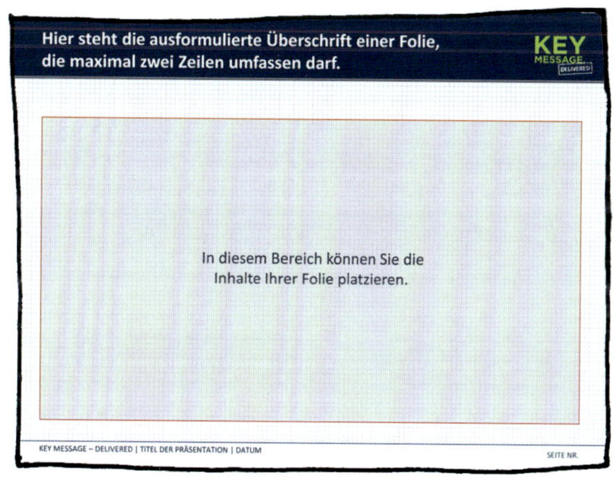

Wenden Sie diese Regel bei der Visualisierung jeder Folie an und halten Sie die festgelegten Positionen bei der Umsetzung der gesamten Business-Präsentation ein. Sie werden feststellen, welchen ordnenden und strukturierenden Charakter diese Vorgehensweise hat.

Hier ein kleines Vorher-nachher-Beispiel: Gegenüber dem Ausgangsbild wurden in der überarbeiteten Fassung alle Elemente in einer einheitlichen Größe angelegt und positioniert. Das Gesamtbild ist wesentlich ruhiger und harmonischer **und damit für den Adressaten erheblich leichter zu erfassen.**

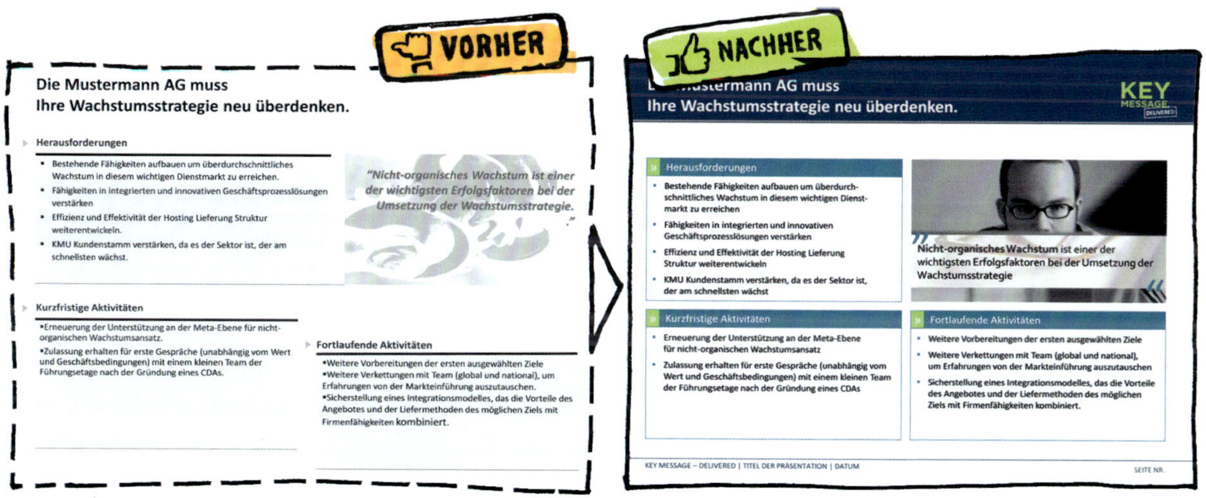

Sie sollten stets darauf achten, die Informationen, die Sie vermitteln wollen, annähernd gleich auf Ihrer Folie zu verteilen. Dass Sie Ihre Informationen nach dem natürlichen Lesefluss von links oben nach rechts unten ordnen, haben Sie bereits berücksichtigt. Jetzt achten Sie darauf, dass Sie Ihre Informationen wohlproportioniert anordnen. Das gilt umso mehr für Folien, die besonders viele Informationen vermitteln sollen.

Hier ein weiteres Vorher-nachher-Beispiel: Im Ausgangsbild sind die relevanten Informationen wahllos auf der Folie platziert und bieten dem Betrachter nicht die Möglichkeit, Strukturen oder Zusammenhänge einfach zu erfassen. Ganz anders die Folie nach der Überarbeitung: **Das Schaubild passt sich harmonisch in den Gestaltungsrahmen ein.**

Die strukturierte Anordnung der Elemente im Lesefluss erleichtert das Erfassen der relevanten Informationen.

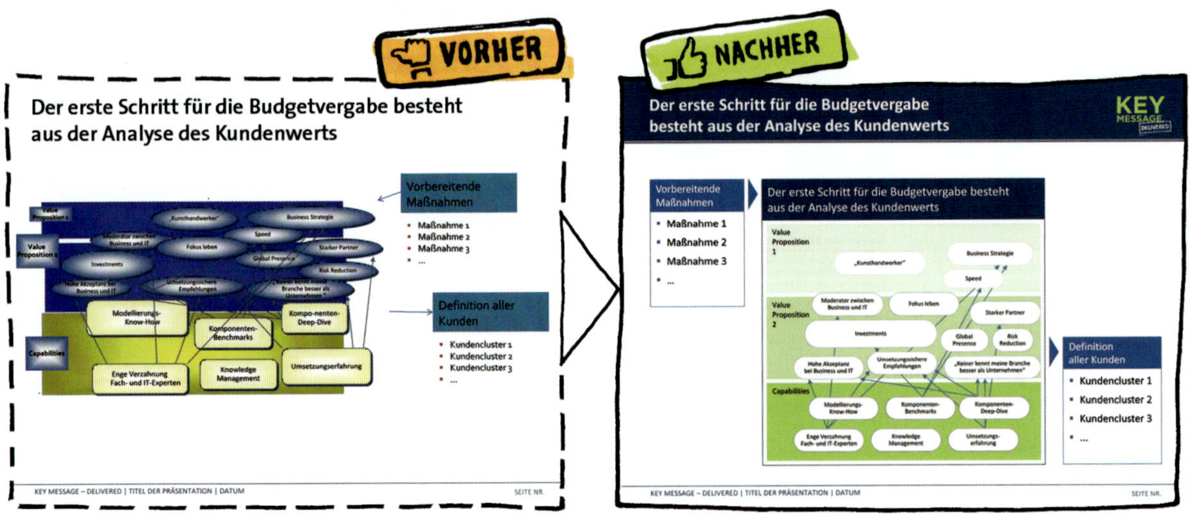

Wie bereits beschrieben, kommt dem Einsatz von Farben im Schaubild eine besondere Bedeutung bei. Erinnern Sie sich: Grundsätzlich sollten in Ihrer Business-Präsentation nur solche Farben verwendet werden, die Ihr Corporate Design vorsieht und die idealerweise so in Ihrem Folienmaster hinterlegt sind. Diese Farben sind selbstverständlich auch die Farben für Ihr Schaubild. Verzichten Sie auf den Einsatz weiterer Farben. Der gezielte Einsatz von Farben steuert das Leseverhalten Ihres Adressaten bei der Betrachtung eines Schaubilds und hilft ihm, relevante Sachverhalte schnell und einfach zu erfassen.

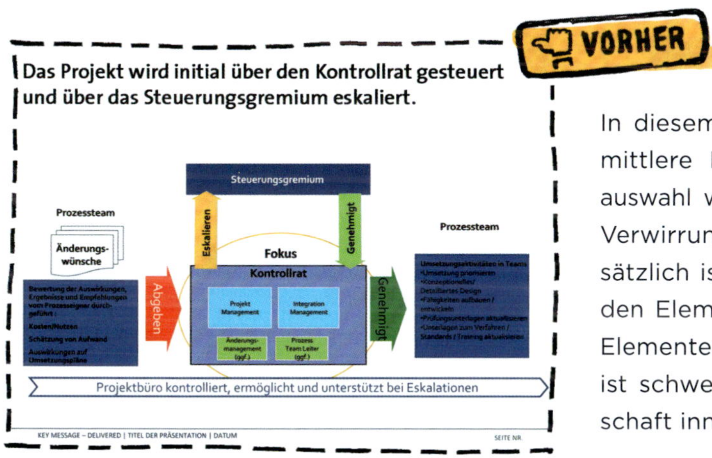

In diesem Vorher-Schaubild sehen Sie, dass der mittlere Block im Vordergrund steht, die Farbauswahl wirkt aber eher zufällig und stiftet mehr Verwirrung, als dass sie für Klarheit sorgt. Zusätzlich ist der Kontrast von übereinanderliegenden Elementen und auch teilweise von Text und Elementen nicht stark genug umgesetzt. Und: Es ist schwer ersichtlich, welches die zentrale Botschaft innerhalb des Schaubilds ist.

Wie können Sie das besser machen? In einem ersten Schritt legen Sie das Schaubild an, verwenden aber noch keine Farben. Erst im zweiten Schritt setzen Sie Farben moderat und gezielt ein, um Akzente zu setzen. Der pointierte Einsatz von Farben gibt Ihnen die Möglichkeit, besonders wichtige Elemente von weniger wichtigen Elementen zu differenzieren. Das bedeutet auch, dass nicht jedes Element farblich ausgezeichnet werden muss. Wenn Sie diese Grundregeln beherzigen, sind Farben ein wirkungsvolles Element, um starke Akzente in Ihrem Schaubild zu setzen.

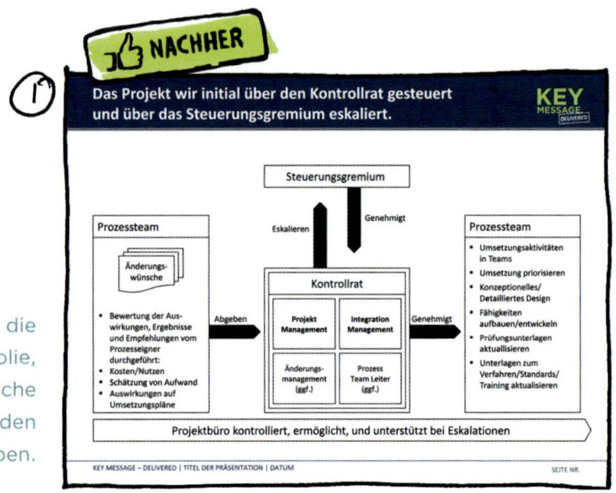

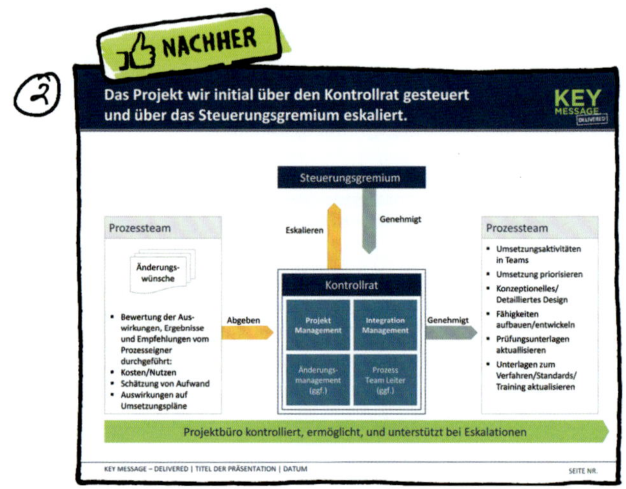

Im ersten Schritt erfolgt die Strukturierung der Folie, im zweiten eine inhaltliche Akzentuierung durch den Einsatz von Farben.

WEISSRAUM SCHAFFT FREIRAUM

Beim Einsatz von Farben in Ihrem Schaubild sollten Sie zwingend darauf achten, dass zwischen Elementen, die farblich ausgezeichnet sind, ein ausreichend großer Freiraum eingehalten wird. **Typischerweise wird dieser auch als Weißraum bezeichnet.** Erst der Weißraum ermöglicht die Differenzierung der Elemente und stellt sicher, dass Ihre zu transportierende Botschaft wirken kann.

REGEL 4:

NUTZEN SIE WEISSBEREICHE UND LEGEN SIE DIESE FEST, DAMIT INHALTE BESSER VONEINANDER ABZUGRENZEN SIND.

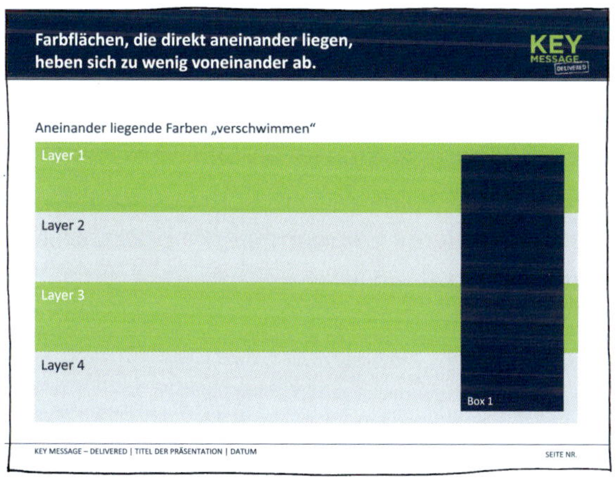

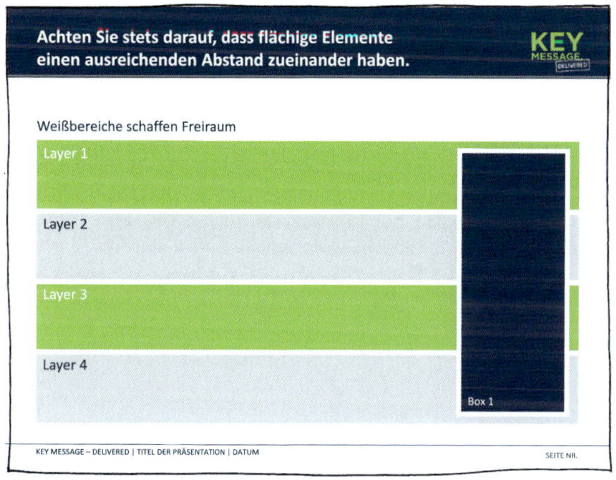

Wirkung von Farben innerhalb eines Schaubilds mit und ohne Abgrenzung und Weißbereich

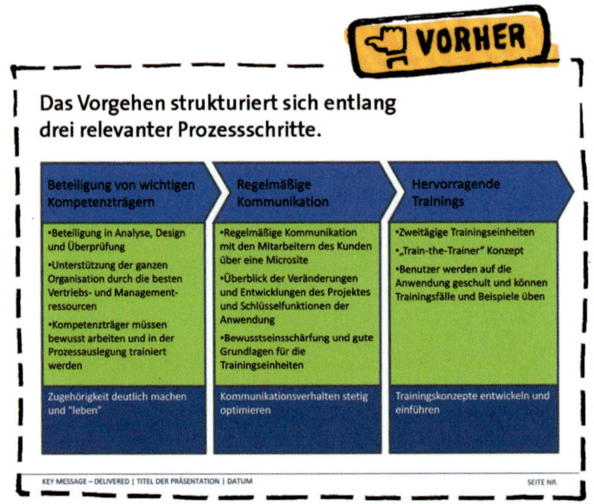

Im dem hier aufgeführten Vorher-Beispiel findet die oben genannte Regel keine Anwendung. Was ist das Ergebnis? Da alle Elemente farblich gekennzeichnet sind, grenzt sich kein Element besonders ab. Durch den mangelnden Weißraum hat man das Gefühl, vor einer imaginären Mauer zu stehen; **dadurch wirkt das Gesamtbild diffus.** In der Lösung dieses Problems wenden Sie die Erkenntnisse aus den oben formulierten Regeln in zwei einfachen Prozessschritten an.

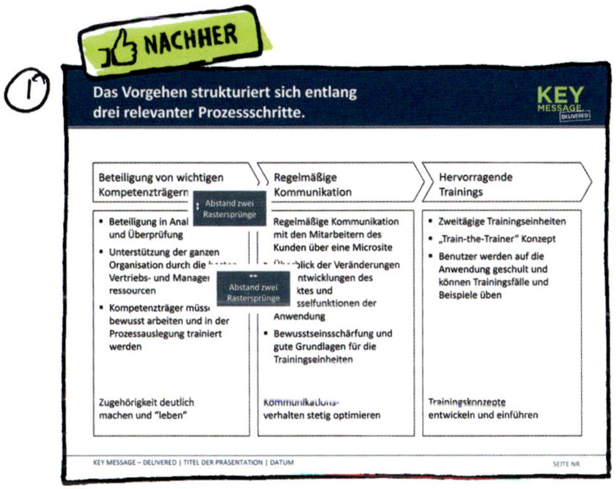

1. SCHRITT:
LEGEN SIE DAS SCHAUBILD ZUNÄCHST KOMPLETT OHNE FARBE AN UND ACHTEN SIE DARAUF, DASS DIE ELEMENTE – IN DIESEM FALL DREI PROZESSSCHRITTE – EINEN AUSREICHENDEN UND GLEICH PROPORTIONIERTEN ABSTAND ZUEINANDER AUFWEISEN.

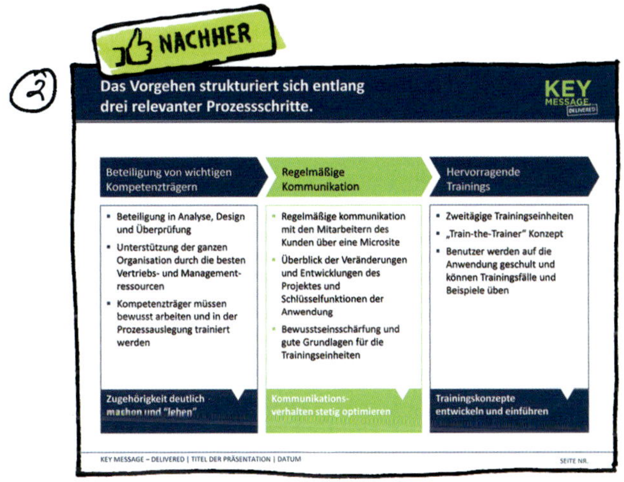

2. SCHRITT:
HEBEN SIE BESTIMMTE ELEMENTE FARBLICH HERVOR.

Wie legen Sie diesen Abstand praktisch an? Wenden Sie die oben beschriebene Rasterlogik aus Regel 1 an. Im Beispiel entsprechen die Abstände der drei Elemente zueinander zwei Rastersprüngen auf der horizontalen genauso wie auf der vertikalen Ebene. Selbstverständlich können Sie den Abstand auch größer oder kleiner anlegen. Bedenken Sie aber bitte: Je mehr Abstand zwischen den Elementen angelegt ist, desto »luftiger« und »freier« wird das Gesamtschaubild am Ende wirken.

Bevor Sie mit der Erstellung einer Business-Präsentation beginnen, überlegen Sie sich genau, für welchen Einsatz Sie die Business-Präsentation erstellen. **Für eine Beamer-Präsentation gelten andere Regeln als für eine Präsentation, die Sie ausdrucken oder per E-Mail versenden wollen.**

Folgendes sollten Sie bei einer Beamer-Präsentation beachten

→ **Wechselspiel aus Vortrag und Folieninhalt:** Die Folie sollte nicht bereits alle Inhalte erzählen. Denken Sie daran: Eine lebendige Business-Präsentation ist gekennzeichnet durch den Wechsel aus dem, was Sie erzählen und dem, was auf Ihrer Folie steht. Ihre Business-Präsentation sollte also Ihren Vortrag idealerweise nur unterstützen und nicht dominieren.

→ **Inhalte pro Folie:** Beschränken Sie sich auf das Wesentliche. Sowohl was die Formensprache als auch was die Inhalte auf einer Folie anbelangt. Zu viele Inhalte auf einer Folie führen dazu, dass Ihr Zuhörer »abschaltet«.

→ **Schriftgröße:** Grundsätzlich gilt: Je mehr Zuhörer im Saal sitzen, desto größer sollte die Schrift sein. Verwenden Sie bei einem Beamer-Vortrag mindestens eine Schriftgröße von 16 pt.

→ **Kontraste:** Denken Sie bei einem Beamer-Vortrag an ausreichende Kontraste und wählen Sie außerdem eine ausreichende Strichstärke, die auch von weitem noch gut zu erkennen ist.

→ **Animationen:** Animationen sollten nur wohldosiert eingesetzt werden. Prüfen Sie in diesem Zusammenhang, welche Vorlieben und Gewohnheiten der Adressat Ihrer Business-Präsentation hat. Wenn Sie sie verwenden, dann so, dass Sie Ihren Vortrag unterstützen und nicht ablenken.

Folgendes sollten Sie bei einer Business-Präsentation beachten, die Sie ausdrucken oder per E-Mail versenden wollen

→ **Inhaltlich vollständig und selbsterklärend:** Dieser Präsentationstyp muss sich komplett aus sich selbst heraus erklären, da Sie als Vortragender entfallen. Achten Sie insofern darauf, dass alle Ihre Argumente vollständig enthalten sind.

→ **Vollständige Sätze:** Dieser Präsentationstyp wird für die Eigenlektüre entwickelt. Deshalb: Verwenden Sie stets vollständige Sätze und achten Sie auf einen verständlichen Lesefluss.

→ **Schriftgröße:** Für diesen Präsentationstyp ist eine Schriftgröße von 12 oder 14pt. im Haupttext ausreichend.

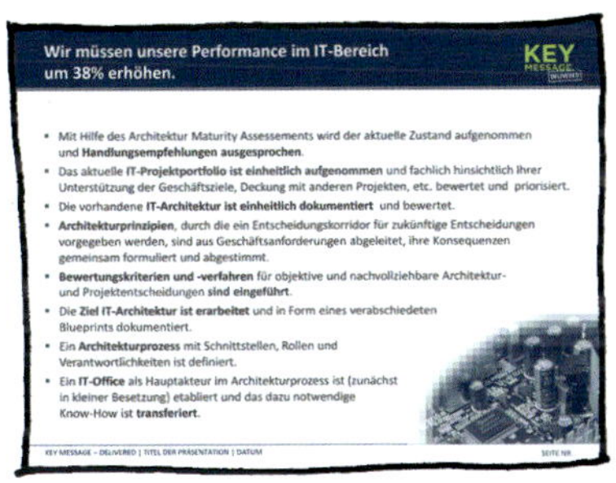

TEXTFOLIE OPTIMIERT FÜR DEN VERSAND

OPTIMIERT FÜR EINE BEAMER-PRÄSENTATION (ABER ERKLÄRUNGSBEDÜRFTIG)

VARIANTE FÜR EINEN REDNER, DER DIE INHALTE DER FOLIE KOMPLETT ERZÄHLT

5 KREATIVITÄT

Bis hierhin haben Sie erfahren, dass es vor allem die Einhaltung von Standards und grundlegender Gestaltungsregeln ist, die aus Ihrer Business-Präsentation eine bessere, visuell klare, verständliche und damit letztlich auch erfolgreiche Business-Präsentation macht. Wenn Sie konsequent in Ihrem Folienmaster arbeiten, auf bestehende Folienbibliotheken aufbauen, die Standard- und Gliederungsfolien richtig nutzen und das Gebot der »Magischen Drei«“ sowie die »Fünf Goldenen Regeln« beherzigen, haben Sie einen guten Einstieg, um Business-Präsentationen visuell professionell umzusetzen.

Verschiedene Folientypen bieten verschiedene kreative Freiräume:

TEXTFOLIEN

KONZEPTIONELLE GRAFIKEN

WIRTSCHAFTS-GRAFIKEN

Im Folgenden werden Sie erfahren, wie Sie mit Mut zur Kreativität Ihre Business-Präsentationen dabei Schritt für Schritt immer besser machen und den **»WOW«-Faktor** kreieren. Die folgenden Beispiele zeigen aber auch, dass Kreativität Arbeit ist. Also: Machen Sie weiter, seien Sie erst dann zufrieden, wenn Sie sagen können, dass eine Folie Ihre Botschaft auch visuell optimal auf den Punkt bringt. Aber nicht vergessen: Benutzen Sie dabei das Handwerk, das Sie in den Abschnitten vorher gelernt haben. Denn das ist die Basis, auf der Sie jetzt Ihre Kreativität ausleben können.

Nutzen Sie das kreative Potenzial jedes Folientyps richtig aus. Sie erinnern sich: Eine Folie – eine Botschaft. Die Botschaft findet sich in der Überschrift wieder. Nun stellt sich die Frage, wie Sie Ihren Inhalt adäquat auf jeder einzelnen Folie darstellen. Dabei müssen Sie von Seite zu Seite individuell und themenbezogen entscheiden: Wollen Sie Ihre Aussage in einer Textfolie oder in Form einer konzeptionellen Grafik oder einer Wirtschaftsgrafik ausarbeiten?

TEXTFOLIEN

Definition

Eine Textfolie ist die rein wortgeprägte Wiedergabe eines Sachverhalts.

Inhalt/Funktion

Nutzen Sie Textfolien vor allem für Beschreibungen, beispielsweise der Beschreibung konkreter Bestandteile einer Maßnahme. Der Vorteil von Textfolien liegt darin, dass sich in ihnen viele Informationen unterbringen lassen. Sie bieten sich insbesondere dort an, wo es um Vollständigkeit geht. Zudem sind sie aufgrund ihrer »Klartext«-Struktur gut nachvollziehbar.

Gestaltung

Wie gestalten Sie eine Textfolie? Wählen Sie die Form eines gegliederten Texts mit den bekannten Aufzählungselementen. Über die verschiedenen Aufzählungsebenen formatieren Sie die Texte entsprechend Ihrer Struktur und Inhaltlichkeit. Durch sparsam eingesetzte Fettungen können Sie zusätzlich für punktuelle Hervorhebungen sorgen. Achten Sie auch auf Satzpunkte am Ende – entweder verwenden Sie einheitlich Punkte oder lassen Sie einheitlich weg.

Die gestalterische Qualität einer Textseite wird dann meistens anhand einer sorgfältigen Nachbearbeitung der erfassten Texte sichtbar. Hier ist das Ziel, die Lesbarkeit der Texte zu erhöhen und die inhaltliche Struktur visuell zu unterstützen.

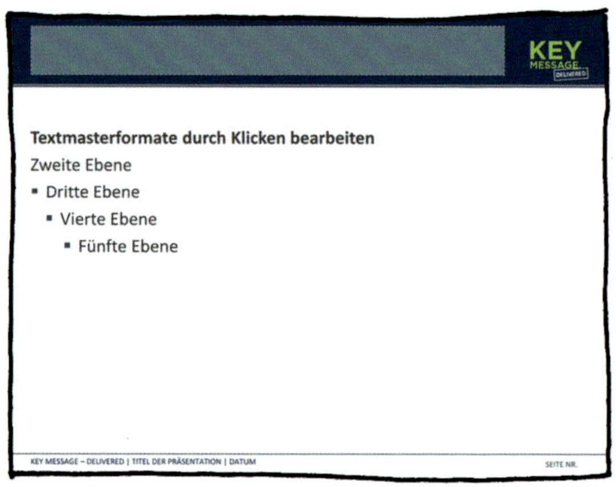

Standards für Textfolien

Jeder gut eingerichtete Folienmaster enthält ein definiertes Textfeld. Nutzen Sie (ausschließlich) diesen Raum, um Ihre Textfolie optimal zu gestalten und halten Sie sich an die Regeln bezüglich Schriftarten und -größen. Ein vordefiniertes Textfeld beinhaltet optimalerweise folgende Formatierungen: Schriftart, -größe und -farbe, Aufzählungszeichen in verschiedenen Formen für die unterschiedlichen Texteinzüge/-ebenen sowie Zeilen- und Absatzabstandsdefinition.

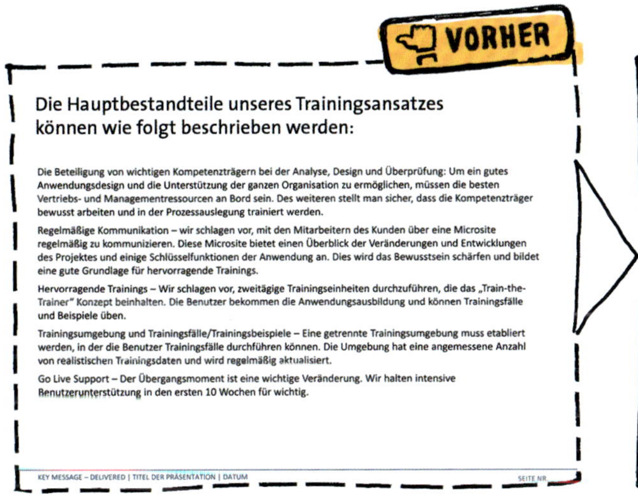

EINFACH ERFASSTER TEXT

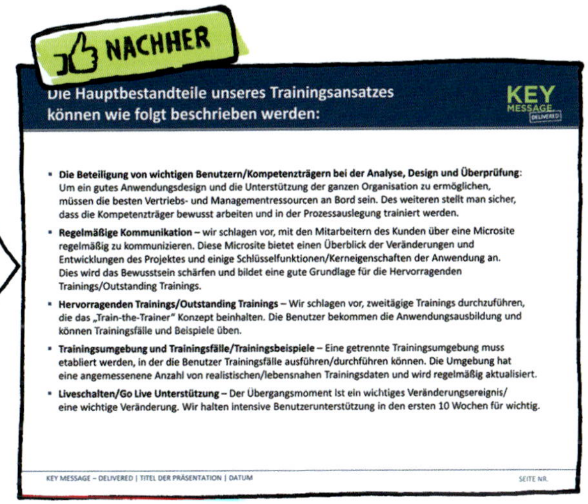

MANUELL NACHFORMATIERTER TEXT

Das ist Ihnen nach wie vor zu langweilig? Probieren Sie doch beispielsweise aus, Ihre Inhalte auf zwei Folien aufzuteilen und ein zusätzliches Bildmotiv zur Unterstützung Ihrer Aussage einzuführen (wie im Schaubild auf der nächsten Seite).

Das Vorher-Beispiel zeigt eine Textfolie, auf der die Texte einfach hintereinander weggeschrieben und durchgängig gefettet sind. Was ist das Ergebnis? Dem Betrachter wird keine besondere Orientierungsmöglichkeit gegeben. Relevante Kernbotschaften werden nicht hervorgehoben. Hinzu kommt: Die Darstellung wirkt nicht besonders ansprechend.

Nach der Überarbeitung sind die Texte besser gesetzt. Insbesondere durch das Erhöhen der Absatzabstände ist der Text nun einfacher und schneller zu erfassen. Fette Schrift markiert ausschließlich relevante Passagen und fällt dem Betrachter dadurch sehr viel schneller ins Auge. Insgesamt hat die Textseite eine bessere Struktur.

Gehen wir noch einen Schritt weiter: Lassen Sie uns den zusätzlich gewonnenen Platz nutzen, um weitere Informationen zu platzieren.

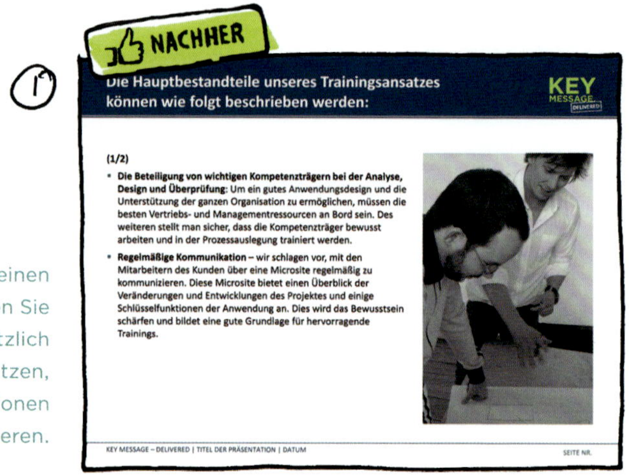

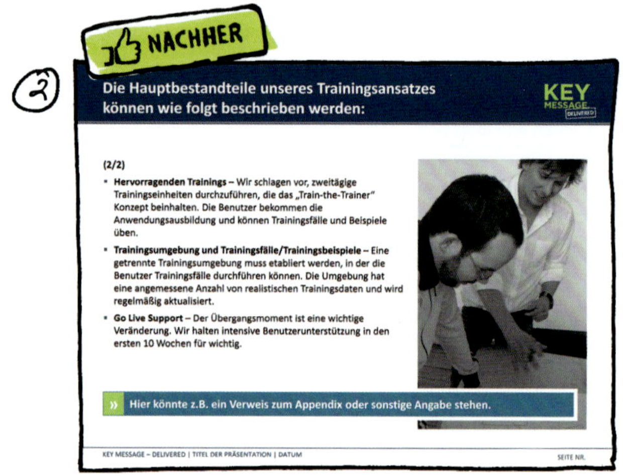

Anwendung

Textfolien eignen sich gut, wenn Sie eine Business-Präsentation erstellen, die Sie nicht selbst präsentieren, sondern beispielsweise per E-Mail versenden wollen. Häufig wird hier auch von kommentierten versus unkommentierten Business-Präsentationen gesprochen. Der Vorteil einer Textfolie liegt auf der Hand: Sie lässt im Grunde keinen Deutungsspielraum zu, da sie alle relevanten Sachverhalte »zum Nachlesen« enthält. Sie müssen nicht daneben stehen und den Sachverhalt erklären. Für eine Business-Präsentation, die Sie für den Vortrag entwickeln, birgt die Textfolie eine Gefahr: Ihre Zuhörer werden während Ihrer Business-Präsentation anfangen, die Texte durchzulesen oder zumindest durchzuscannen. Im Ergebnis führt das dazu, dass sie Ihnen nicht mehr aktiv zuhören.

KONZEPTIONELLE GRAFIKEN

Definition

Unter konzeptionellen Grafiken subsumieren wir all jene Illustrationen, die nicht datengetrieben sind.

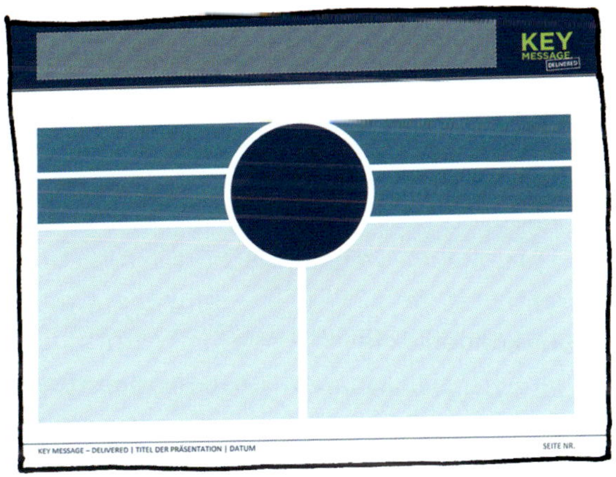

Inhalt/Funktion

Mit diesem Typus visualisieren Sie im weitesten Sinne die »Idee« Ihrer Folie. Konzeptionelle Grafiken dienen der Darstellung von Zusammenhängen, Prozessen und Interdependenzen. Eine konzeptionelle Grafik ist das klassische Gestaltungselement in einer Business-Präsentation. Enggeführte Visualisierungen, häufig auf zentrale Botschaften reduziert, veranschaulichen das, was Sie im Präsentationsvortrag im gesprochen Wort Ihren Zuhörern vermitteln. Sie lenken den Blick auf das »große Ganze« und stellen so ein wirkungsvolles Tool dar, um Verständnis für komplexe Situationen zu erzeugen. Auch emotionale Zustände oder Gemengelagen wie »Konflikt«, »Zustimmung« oder »Gleichgewicht« lassen sich mit ihrer Hilfe gut darstellen. **Überlegen Sie, was die Hauptaussage Ihrer Darstellung ist und überführen Sie diese in eine entsprechende Grafik.** Die Vielfalt der Formen bietet dafür ein reiches Arsenal an Möglichkeiten.

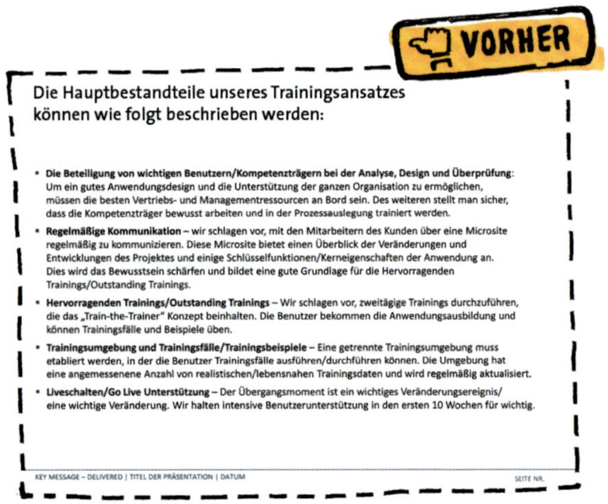

Gestaltung

Die Gestaltungsmöglichkeiten konzeptioneller Grafiken sind vielfältig. Auf Basis der Standards, die im vorherigen Kapitel vorgestellt wurden, kann eine konzeptionelle Grafik jede denkbare Gestalt annehmen. **Entscheidend ist, dass die Grafik Ihre zentrale Botschaft unterstützt.** Am Beispiel der reinen Textseite, ergibt sich – gemäß den Standards – linkes Schaubild: Das Beispiel zeigt eine reine Textseite, die Sie in wenigen Schritten und mit etwas Kreativität in eine konzeptionelle Grafik überführen können, die die relevante Botschaft unterstützt. Der Aufbau der konzeptionellen Grafik orientiert sich an den bestehenden Textelementen. Dabei wird für jeden Aufzählungspunkt eine eigene Box angelegt und visualisiert. Haben Sie erst einmal diesen Weg der Visualisierung eingeschlagen, ergeben sich automatisch neue Möglichkeiten. So lassen sich beispielsweise Abhängigkeiten und Schnittstellen in der grafischen Umsetzung einfach integrieren. Oder Sie nutzen das Mittel der Hervorhebung, um die Aufmerksamkeit Ihrer Adressaten auf besonders relevante Botschaften zu lenken.

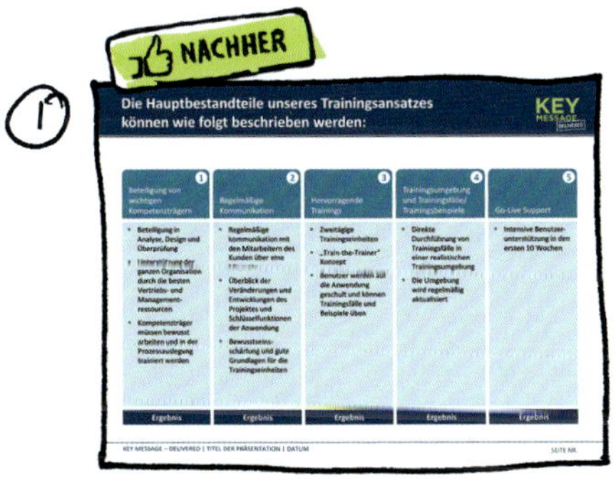

1. SCHRITT:
KONZEPTIONELLE GRAFIK ÜBERFÜHRT AUS EINER TEXTFOLIE

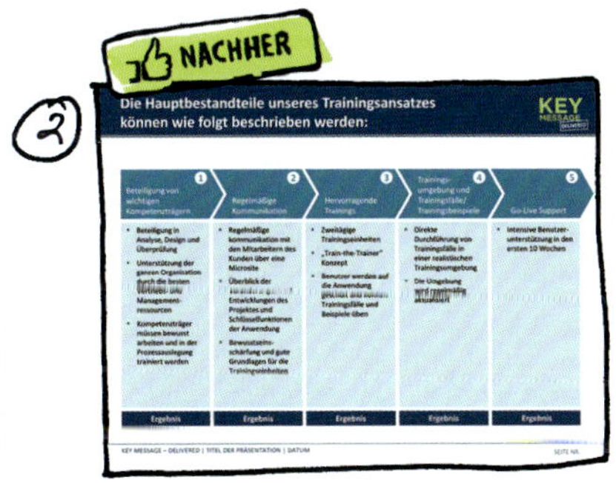

2. SCHRITT:
ZUSAMMENHÄNGE AUFZEIGEN

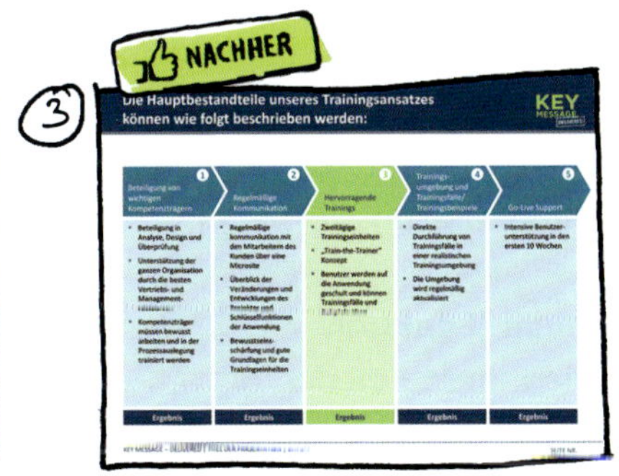

3. SCHRITT:
HERVORHEBUNGEN

Anwendungen

Bitte hinterfragen Sie bei allen Visualisierungen stets auch die Sinnhaftigkeit und behalten Sie Ihre Zielgruppe im Auge. Sehr faktenorientierte und konservative Betrachter könnten solche Elemente auch als verspielt, »overdone« und damit gegebenenfalls als unseriös empfinden. Möglicherweise wird Ihre Grafik auch nicht von allen Betrachtern auf die gleiche Weise wahrgenommen und verstanden. Beispielsweise hat nicht jeder den gleichen Background oder Humor, was zu Missverständnissen führen kann. Besonders der übertriebene Einsatz aufwändiger Grafiken kann darüber hinaus dazu führen, dass sich die Wirkungen der einzelnen Grafiken gegenseitig aufheben. Dennoch: Besonders bei Business-Präsentationen sind Grafiken ein wichtiges Mittel, um Ihre Zuhörer zu fesseln, zu beeindrucken und letztlich zu überzeugen.

WIRTSCHAFTSGRAFIKEN

Definition

Als Wirtschaftsgrafiken bezeichnen Sie alle zahlenbasierten Diagramme, die der Präsentation von Daten dienen.

Inhalt/Funktion

Diagramme dienen dazu, Relationen herzustellen. Sie helfen uns, Mengen zu vergleichen, Entwicklungen herauszuarbeiten und Zahlen allgemein begreifbar zu machen. **Wichtig auch hier: Definieren Sie zunächst Ihre Botschaft und identifizieren Sie dann die Daten, die wichtig sind, um Ihre Botschaft zu unterstützen.** Anhand der Datenstruktur ergibt sich der Diagrammtypus, der zum Einsatz kommen sollte.

Gestaltung

Ähnlich wie bei konzeptionellen Grafiken bietet sich Ihnen auch hier eine große Anzahl möglicher Diagrammformen. Machen Sie sich bewusst: Nicht jede dieser Darstellungsformen eignet sich für die Darstellung Ihres Sachverhalts.

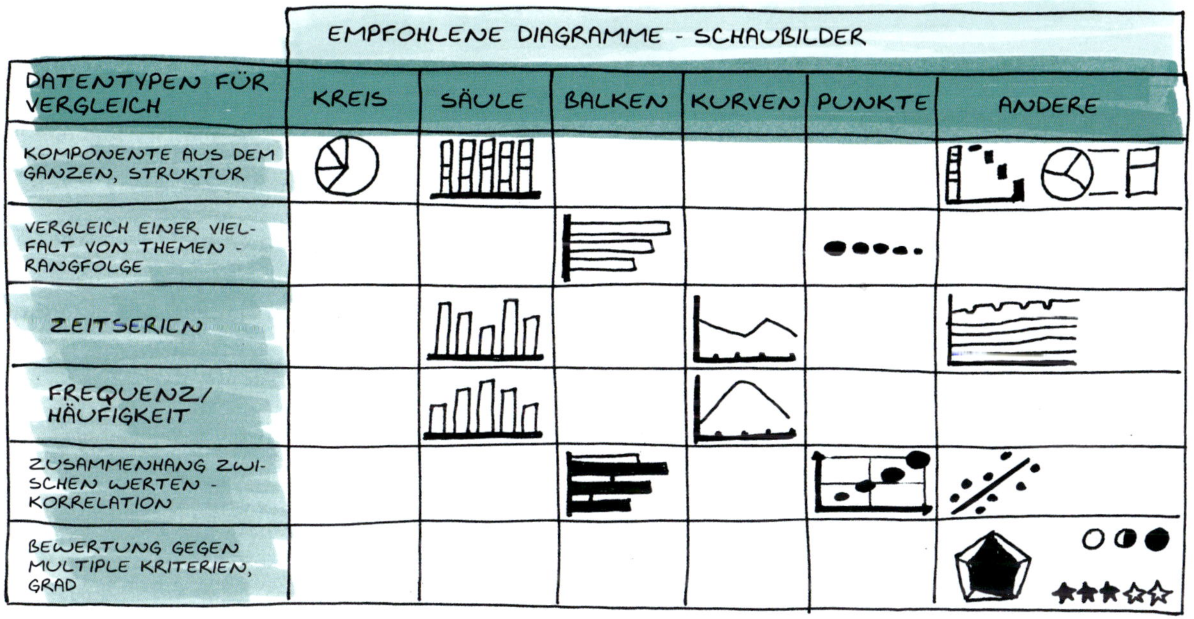

(NACH GENE ZELAZNY)

Deshalb: Bevor Sie mit der Umsetzung eines Diagramms beginnen, machen Sie sich zunächst darüber Gedanken, welcher Sachverhalt herausgearbeitet werden soll und welche Darstellungsform dafür die beste ist. Haben Sie die richtige Auswahl getroffen, folgt der nächste Schritt: die Visualisierung Ihrer Daten. **Setzen Sie ein Diagramm stets klar und strukturiert auf.** Arbeiten Sie die Werte grafisch besonders heraus, welche die zentrale Botschaft Ihrer Folie unterstützen.

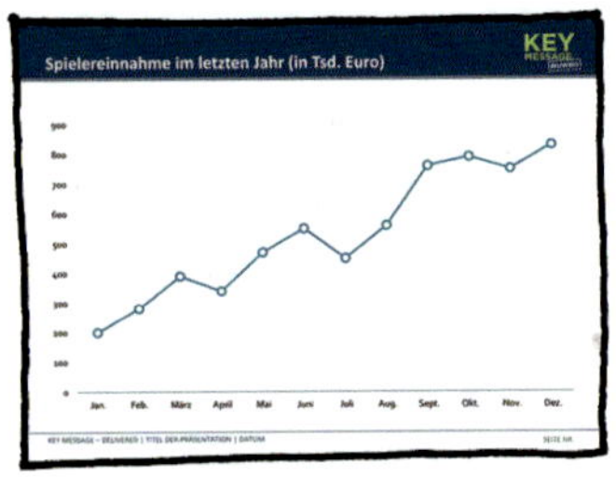

Im linken Beispiel wurde das Diagramm zunächst nach einigen formalen Regeln und den Standards, die sich aus dem Corporate Design des Unternehmens ergeben, umgesetzt. Auf ein Dekor oder andere grafische Elemente wurde im ersten Schritt verzichtet.

Was könnte eine Botschaft bei der Folie im Beispiel 1 sein? Nehmen wir an: *»Die Spieleinnahmen haben sich im Verlauf des letzten Jahrs annähernd vervierfacht!«* Ein ganz anderer Akzent ergibt sich im Beispiel 2 mit folgender Kernbotschaft: *»In den letzten drei Monaten hat sich das Wachstum der Spieleinnahmen deutlich verlangsamt!«*

Das Beispiel zeigt, dass Sie durch die grafische Herausarbeitung eines bestimmten Sachverhalts innerhalb eines Diagramms Ihre Kernbotschaft optimal unterstützen können.

Anwendung

Wirtschaftsgrafiken und datenbasierte Diagramme finden heute in vielen Business-Präsentationen Anwendung. Dies liegt daran, dass Zahlen und Daten mit verhältnismäßig einfachen Mechaniken in eine visuelle Struktur überführt werden können.

WEITERE DARSTELLUNGSFORMEN

Neben den Textfolien, konzeptionellen Grafiken und Wirtschaftsgrafiken kann es weitere Darstellungsformen geben, die an dieser Stelle nicht alle aufgezeigt werden. Einen Folientypus sollten Sie allerdings noch kennenlernen: **Die Ankerfolie.** Um eine »komplexe Story« eindrucksvoll zu erzählen, sind sogenannte Ankerfolien ein probates Mittel. Sie helfen Ihnen mit einer prägnanten Grafik, Ihre Kernbotschaft nachhaltig in den Köpfen Ihrer Betrachter zu »verankern«. Ankerfolien funktionieren dabei wie eine Art »Verteilerknoten« für Ihre Gedankenstränge und logische Argumentationsführung.

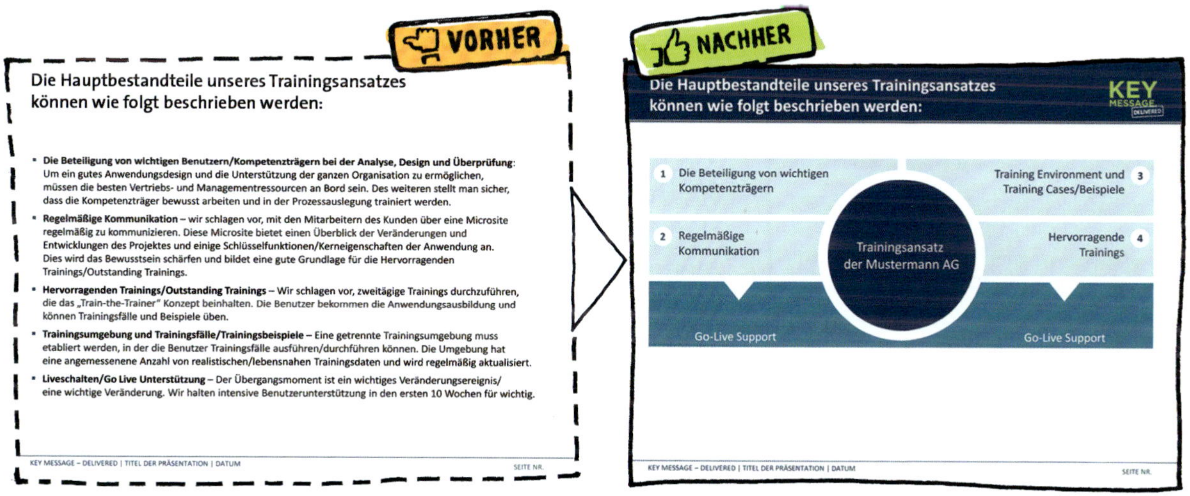

Mit Blick auf das weiter vorne eingeführte Beispiel kann auf diese Weise eine Textseite auch in Form der folgenden Struktur umgesetzt werden:

Hierbei nutzen Sie für die Ankerfolie nur noch die fünf Hauptpunkte, die Sie auf wenige Worte reduzieren und schaffen so ein Schaubild, das auf eine sehr komprimierte Art und Weise die Kernbotschaften transportiert. Danach erzeugen Sie entsprechende Unterseiten, die die Details der einzelnen Punkte aufzeigen.

Sie sehen: Mit einer recht einfachen Mechanik wurden die teilweise komplexen Sachverhalte über eine Ankerfolie zentral eingesteuert und über Detailseiten inhaltlich abgerundet (diese Detailseiten könnten beispielsweise auch im Appendix aufgeführt werden).

6 SPRACHE

Die Sprache ist zwar kein Werkzeug der Visualisierung, aber ein besonders wichtiges Stilmerkmal einer professionellen Business-Präsentation. Wie eingangs beschrieben, will dieses Buch nicht mit den zahlreichen Abhandlungen zu präsentationsverwandten Themen wie etwa der Rhetorik konkurrieren. Daher sollen an dieser Stelle nur ein paar einfache Tipps für einen besseren Sprachstil mitgegeben werden, die Sie speziell für die Erstellung von Business-Präsentationen einsetzen können.

Klarheit, Kürze und Prägnanz — das sollte auch bei der sprachlichen Umsetzung Ihrer Business-Präsentation im Vordergrund stehen.

Die Einfachheit, die Sprache prinzipiell immer kennzeichnen sollte, ist tatsächlich eine Kunst, die man nur durch Training erlernen kann. Seien Sie aktiv. Wichtig ist, dass Sie damit anfangen. Am besten gleich in Ihrer nächsten Business-Präsentation.

Strukturieren Sie Ihre Sätze klar

Vermeiden Sie lange Schachtelsätze. Besser ist es, derartige Satzungetüme durch mehrere kurze Sätze zu ersetzen. Einschübe können losgelöst und sollten logisch geordnet werden. Und denken Sie daran: **Hauptsachen gehören in Hauptsätze, Nebensachen in Nebensätze.**

Nutzen Sie Verben

Verben (»Tuwörter«) machen die Sprache lebendig, denn hier passiert etwas. Nutzen Sie daher Verben und lassen Sie die Finger von Substantivierungen: *»Die Umsetzung der Maßnahmen zur Verkaufsförderung verläuft bislang suboptimal …«* Das klingt nicht nur langweilig und gestelzt. Es ist obendrein auch noch viel schwerer zu verstehen als etwa: *»Wir haben es noch nicht geschafft, den Verkauf anzukurbeln.«*

Formulieren Sie aktiv

Vorsicht vor Passivkonstruktionen. Sie bremsen einen Satz, nehmen ihm die Lebendigkeit: *»Es wird empfohlen, den Preis zu senken«*, klingt weniger dynamisch als *»wir empfehlen, den Preis zu senken«.* Formulieren Sie Ihre Sätze also aktiv, insbesondere dann, wenn es tatsächlich um wichtige Aktivitäten geht. Sie werden sehen, Ihr Publikum wird automatisch stärker auf derartige Formulierungen reagieren. Ausnahmsweise kann das Passiv erlaubt sein, wenn es aus »politischen Gründen« opportun ist. Das kann beispielsweise der Fall sein, wenn die aktiv handelnden Personen nicht zu benennen sind oder nicht benannt werden dürfen.

Schreiben Sie kompakt

Die deutsche Sprache verleitet bisweilen dazu, zusammengehörige Wörter weit voneinander zu trennen. Insbesondere bei zusammengesetzten Verben (»annehmen«, »voraussetzen«, »ablehnen« etc.) besteht die Gefahr, die eine Hälfte von der anderen zu weit zu entfernen, sodass der Satz unschön und kompliziert wird: *»Wir lehnen das vorliegende Modell unter Berücksichtigung der Konsequenzen, die sich aus dem letzten Quartalsbericht ergeben haben und aufgrund der durch die Bereichsleitung gemachten Vorgaben für den europäischen Markt, ab.«* Derartige Sätze sollten Sie vermeiden. Also: *»Wir lehnen das vorliegende Modell ab. Gründe: 1. ..., 2. ...«*

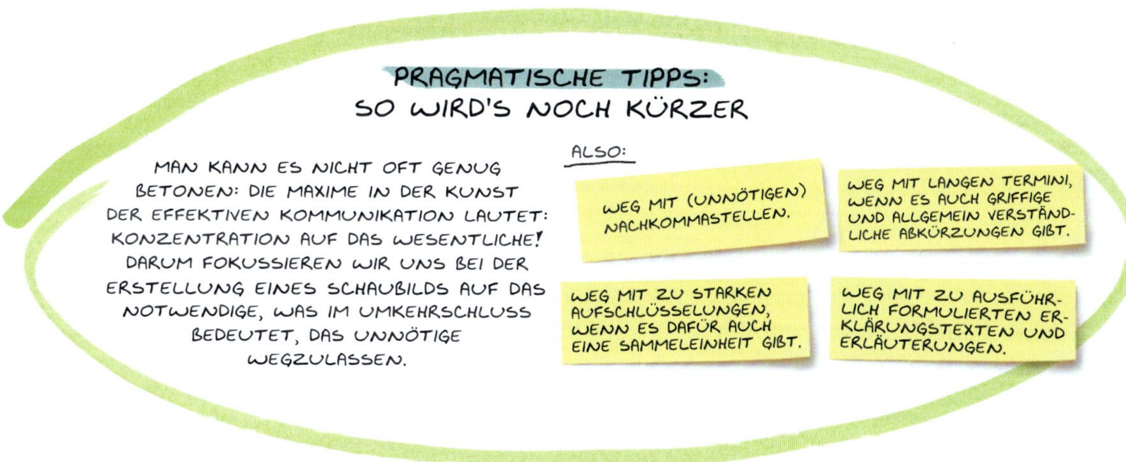

BEI ALLER KREATIVITÄT: BLEIBEN SIE »STRAIGHT«

Wenden Sie den Blick noch einmal auf das Wesentliche: Fokus dieses Buchs sind klassische Business-Präsentationen. Ziel dieser Präsentationen ist es, Entscheider auf Basis von Fakten schnell und präzise zu einer Entscheidung zu führen. Insofern bedarf die visuelle Umsetzung einer besonderen Schlichtheit und sollte möglichst auf »verspielte« Effekte gänzlich verzichten.

Deshalb zum Ende dieses Visualisierungs-Kapitels noch einmal der Hinweis: Nicht alles, was machbar ist, ist auch gut. Nutzen Sie die Möglichkeiten, die Ihnen PowerPoint bietet, wirklich nur dort, wo Sie Ihrem Ziel dienen, von Ihrem Zuhörer mit Ihrer Argumentation verstanden zu werden.

Haben Sie das **Prinzip der Schlichtheit, Klarheit und Prägnanz** erst einmal verinnerlicht, so werden Ihnen der Einsatz übermotivierter Animationen oder Inkonsistenzen im Layout so störend vorkommen, dass Sie gar nicht mehr in die Versuchung geraten. Bis dahin sei Ihnen wärmstens ans Herz gelegt, Ihre Arbeiten immer wieder einerseits auf Effekte um des Effekts willen und andererseits auf echte Fehler zu überprüfen.

Denken Sie daran: Wenn Sie Ihre Argumentation logisch einwandfrei konstruiert haben und Ihre Schlüsselbotschaften klar herausgearbeitet sind, ist Ihre Business-Präsentation so stark, dass sie keiner Effekte bedarf. Effekte würden ablenken und Ihre Arbeit womöglich in eine unseriöse Ecke rücken. Konzentrieren Sie Ihre Kräfte stattdessen auf starke Bilder und aussagekräftige Symbolik.

CASE: HARRYS GOURMETIMBISS

STORYBOARD UND UMSETZUNGSIDEEN FÜR DIE BUSINESS-PRÄSENTATION VON HARRYS GOURMETIMBISS

In den Schritten 1 bis 6 haben Sie die inhaltliche und strukturelle Grundlage für Ihre Business-Präsentation zu Harrys Gourmetimbiss gelegt. Nun führen Sie die verschiedenen Überlegungen zu einem Storyboard zusammen. Dabei legen Sie auch schon eine grundlegende Visualisierungsidee an und bringen diese zu Papier:

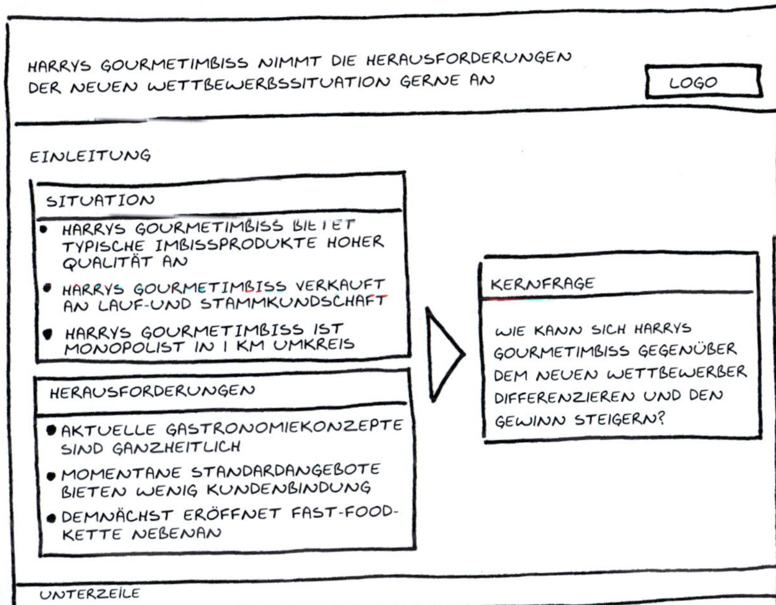

FOLIE 1

FOLIE 2

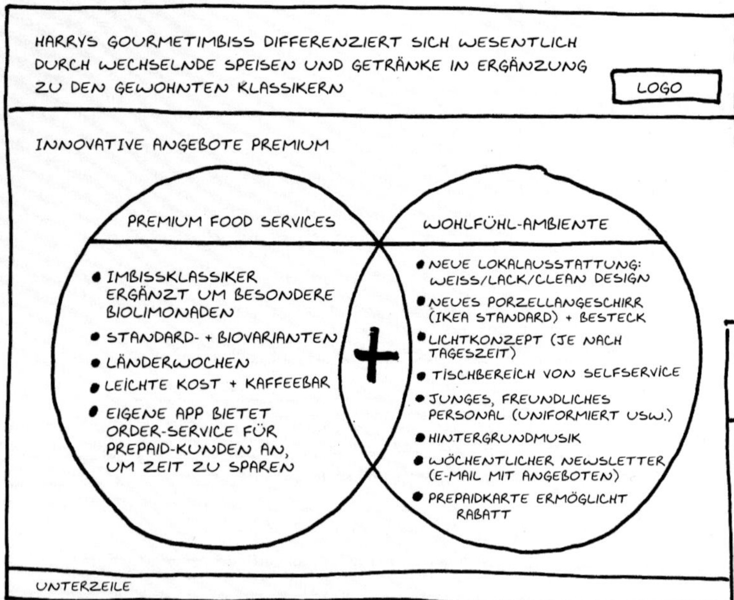

FOLIE 3

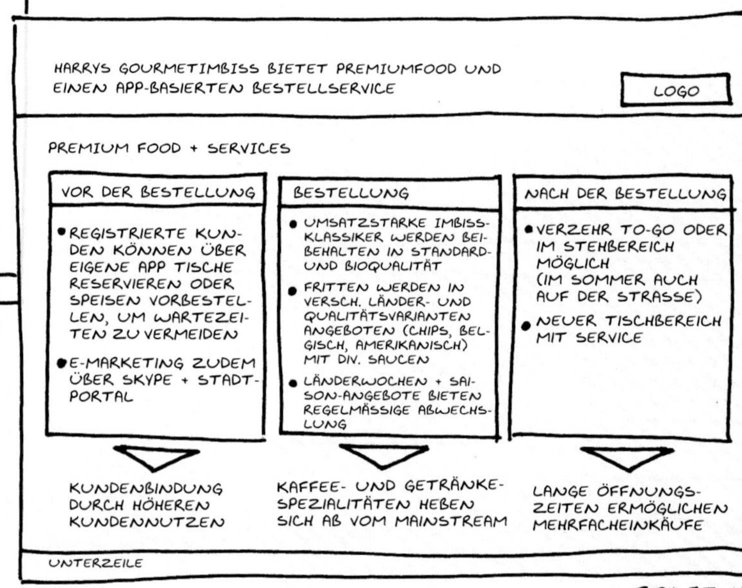

FOLIE 4

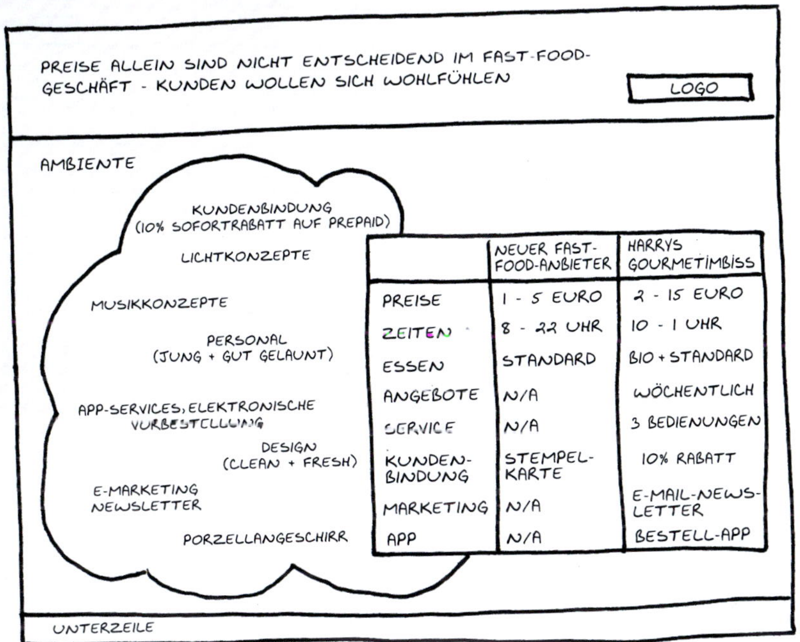

FOLIE 5

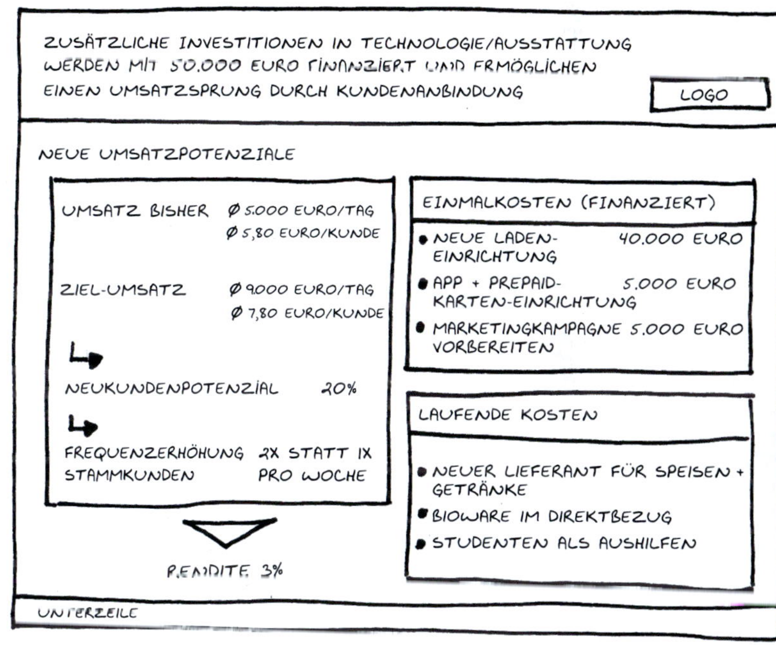

FOLIE 6

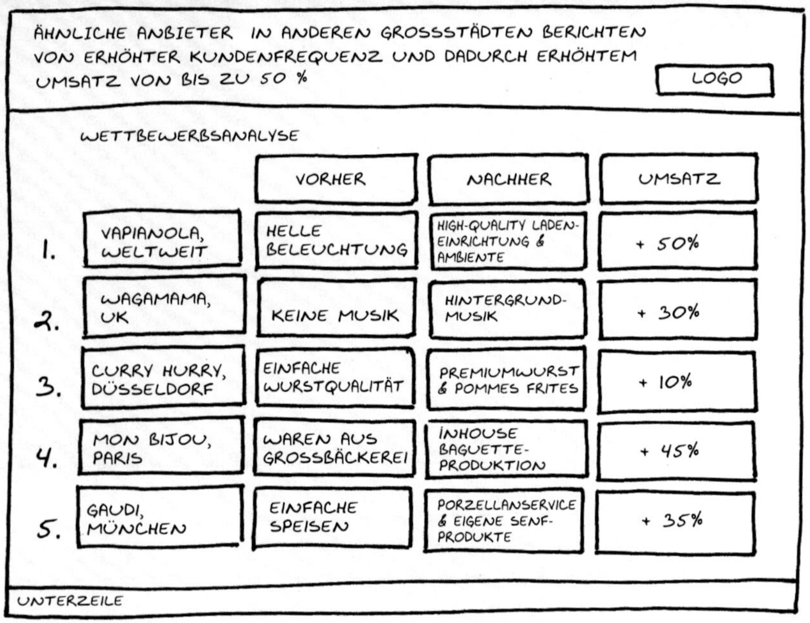

FOLIE 7

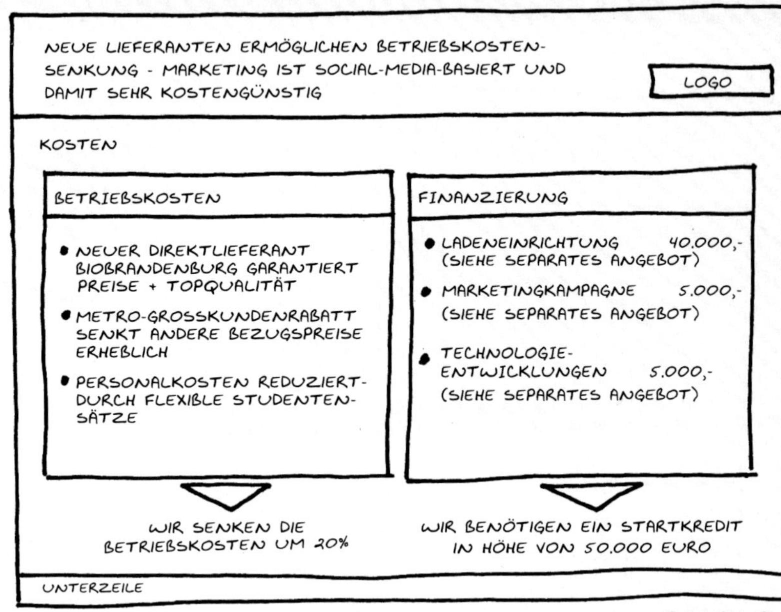

FOLIE 8

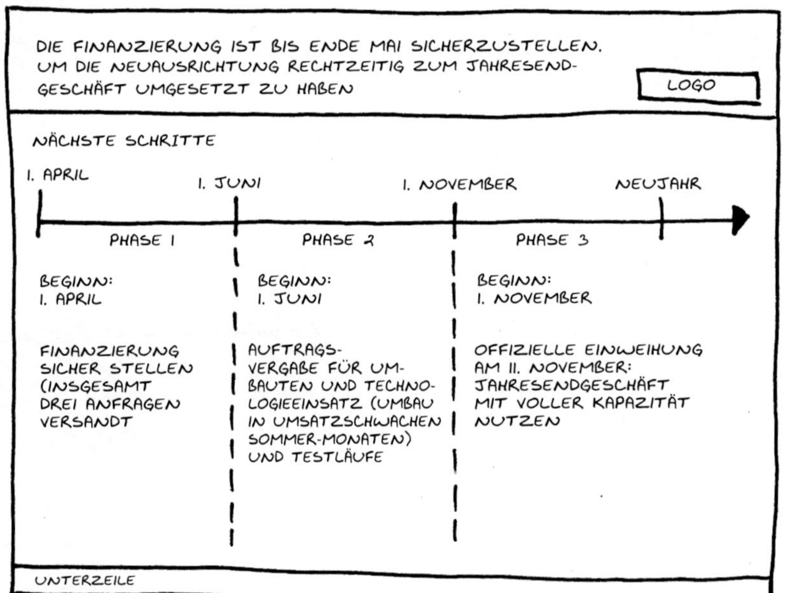

FOLIE 9

ZUSAMMENFASSUNG

Für die Visualisierung von Business-Präsentationen gelten ähnliche Maßstäbe für Klarheit, Prägnanz und Einfachheit wie auch bei der inhaltlich-strukturellen Entwicklung einer Business-Präsentation nach dem pyramidalen Prinzip.

Achten Sie bei der Erstellung Ihrer nächsten Business-Präsentation auf folgende Regeln:

1. *Starten Sie die Visualisierung einer Business-Präsentation immer mit einem Storyboard — am besten handschriftlich erstellt, um Ihre Gedanken und visuellen Ideen zu ordnen und in einen Fluss zu bringen.*
2. *Halten Sie sich bei der Visualisierung einer Business-Präsentation streng an den Corporate Standard Ihres Unternehmens, Ihres Kunden oder Ihren eigenen Standard und achten Sie genau auf eine einheitliche und konforme Darstellungsweise.*
3. *Versuchen Sie, mit einer guten Portion Kreativität Sachverhalte zu visualisieren, um Ihre Botschaften nicht nur in Form von Text, sondern auch durch spannende Schaubilder zu kommunizieren.*
4. *Nutzen Sie eine einfache, klare und deutliche Sprache.*
5. *Verzichten Sie — bei klassischen Business-Präsentationen — auf überbordende Effekte und »verspielte« Darstellungen.*

PRÄSENTATIONEN INSZENIEREN — NUTZEN SIE ERFAHRUNG, TRICKS UND TECHNIK

» GEBRAUCHT DER ZEIT, SIE GEHT SO SCHNELL VON HINNEN, DOCH ORDNUNG LEHRT EUCH ZEIT ZU GEWINNEN«

JOHANN WOLFGANG VON GOETHE, SCHRIFTSTELLER

SIE HABEN ES FAST GESCHAFFT

Wenn Sie der vorgestellten Methode schrittweise gefolgt sind, dann dürften jetzt eine Menge Zettel strukturiert vor Ihnen liegen: Notizen zum Ablauf der Storyline und natürlich Skizzen der einzelnen Folien mit Ihren grafischen Ideen, visuellen Highlights und brauchbaren Schaubildern.

Nun ist der Moment gekommen, in dem Sie bestenfalls **Ihren Rechner zum ersten Mal hochfahren.** Jetzt starten Sie Ihre Präsentationssoftware und beginnen mit dem technischen Part Ihrer Arbeit.

Schauen Sie sich jetzt die Business-Präsentation von Harrys Gourmetimbiss an. Zur Erinnerung: Harry muss seinen Banker davon überzeugen, die Ausweitung der Kreditlinie bankintern voranzutreiben.

CASE: HARRYS GOURMETIMBISS

Sie haben ja noch das Storyboard und die Scribbels aus der Stufe 7 vor Augen. Sehen Sie, wie diese für die weitere Entwicklung von Harrys Gourmetimbiss besonders wichtige Business-Präsentation technisch umgesetzt werden kann:

Alle Elemente entsprechen dem (fiktiven) Corporate Design von Harrys Gourmetimbiss. Die Folien selbst sind klar strukturiert und einheitlich so aufgebaut, dass die jeweiligen Kernbotschaften gut visualisiert transportiert werden. **Diese Präsentation entspricht so dem geforderten Standard für professionelle Business-Präsentationen.** Die einzelnen Elemente sind mit in PowerPoint vorhandenen »Bordmitteln« erstellt, sodass Sie bei Ihrer nächsten Business-Präsentation selbst in der Lage sein sollten, solch eine visuell einheitliche und gut strukturierte Präsentation zu erstellen.

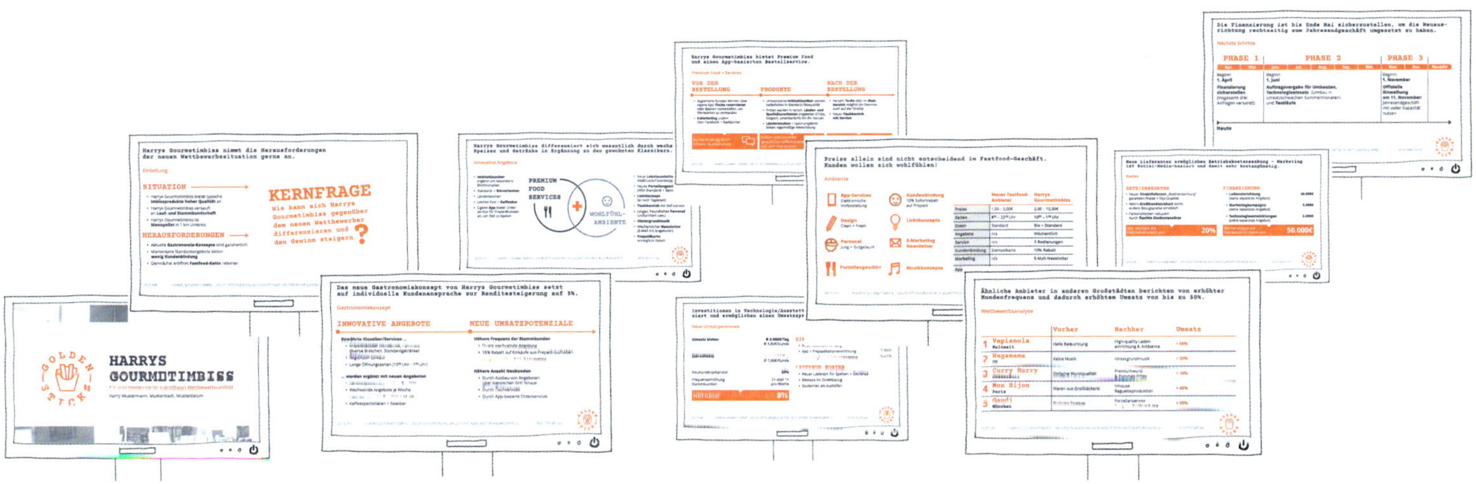

GOLDEN STICKS
HARRYS GOURMETIMBISS
Neupositionierung im zukünftigen Wettbewerbsumfeld
Harry Mustermann, Musterstadt, Musterdatum

TITEL

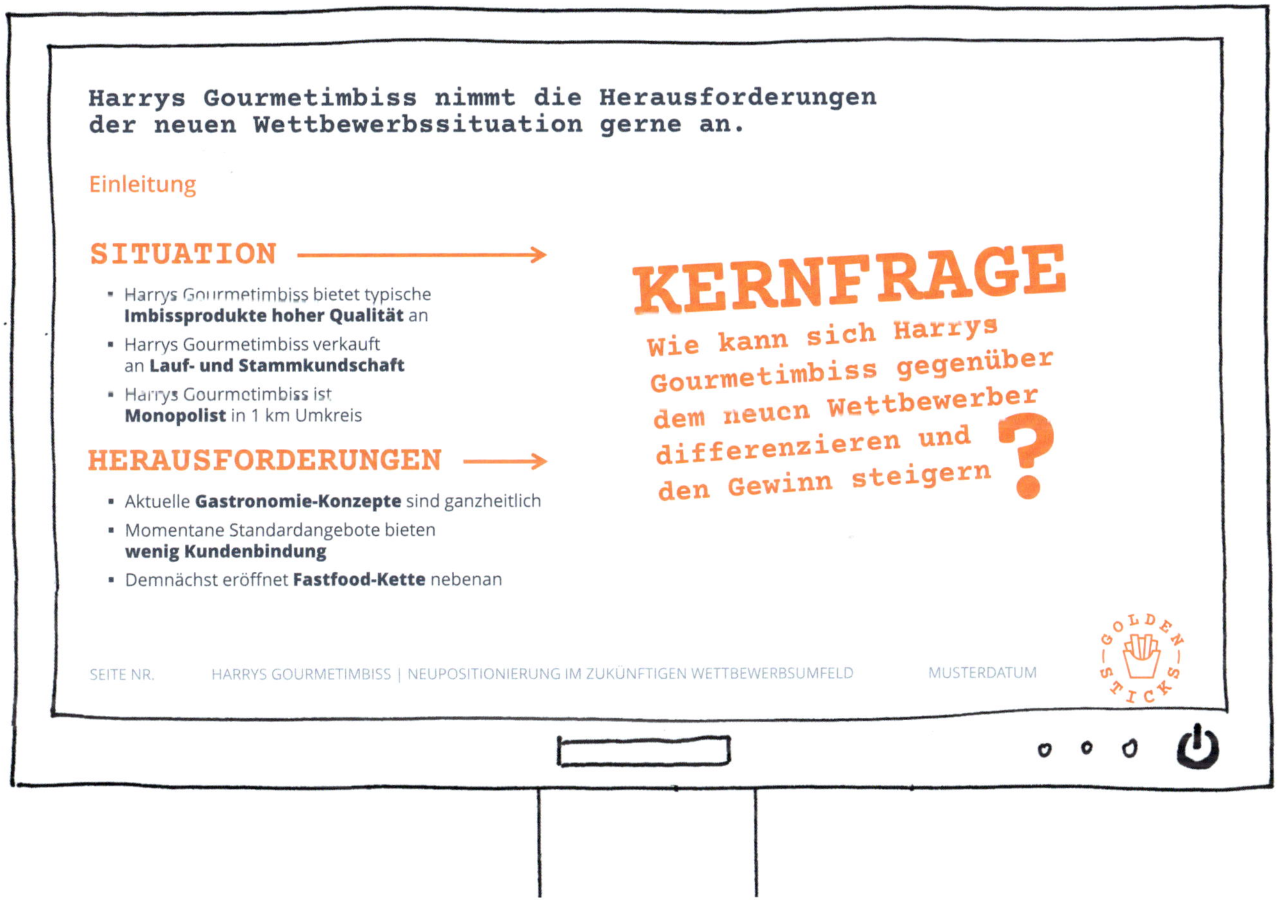
Harrys Gourmetimbiss nimmt die Herausforderungen der neuen Wettbewerbssituation gerne an.
Einleitung
SITUATION
Harrys Gourmetimbiss bietet typische Imbissprodukte hoher Qualität an
Harrys Gourmetimbiss verkauft an Lauf- und Stammkundschaft
Harrys Gourmetimbiss ist Monopolist in 1 km Umkreis
HERAUSFORDERUNGEN
Aktuelle Gastronomie-Konzepte sind ganzheitlich
Momentane Standardangebote bieten wenig Kundenbindung
Demnächst eröffnet Fastfood-Kette nebenan
KERNFRAGE
Wie kann sich Harrys Gourmetimbiss gegenüber dem neuen Wettbewerber differenzieren und den Gewinn steigern?
SEITE NR.
HARRYS GOURMETIMBISS | NEUPOSITIONIERUNG IM ZUKÜNFTIGEN WETTBEWERBSUMFELD
MUSTERDATUM
GOLDEN STICKS

FOLIE 1

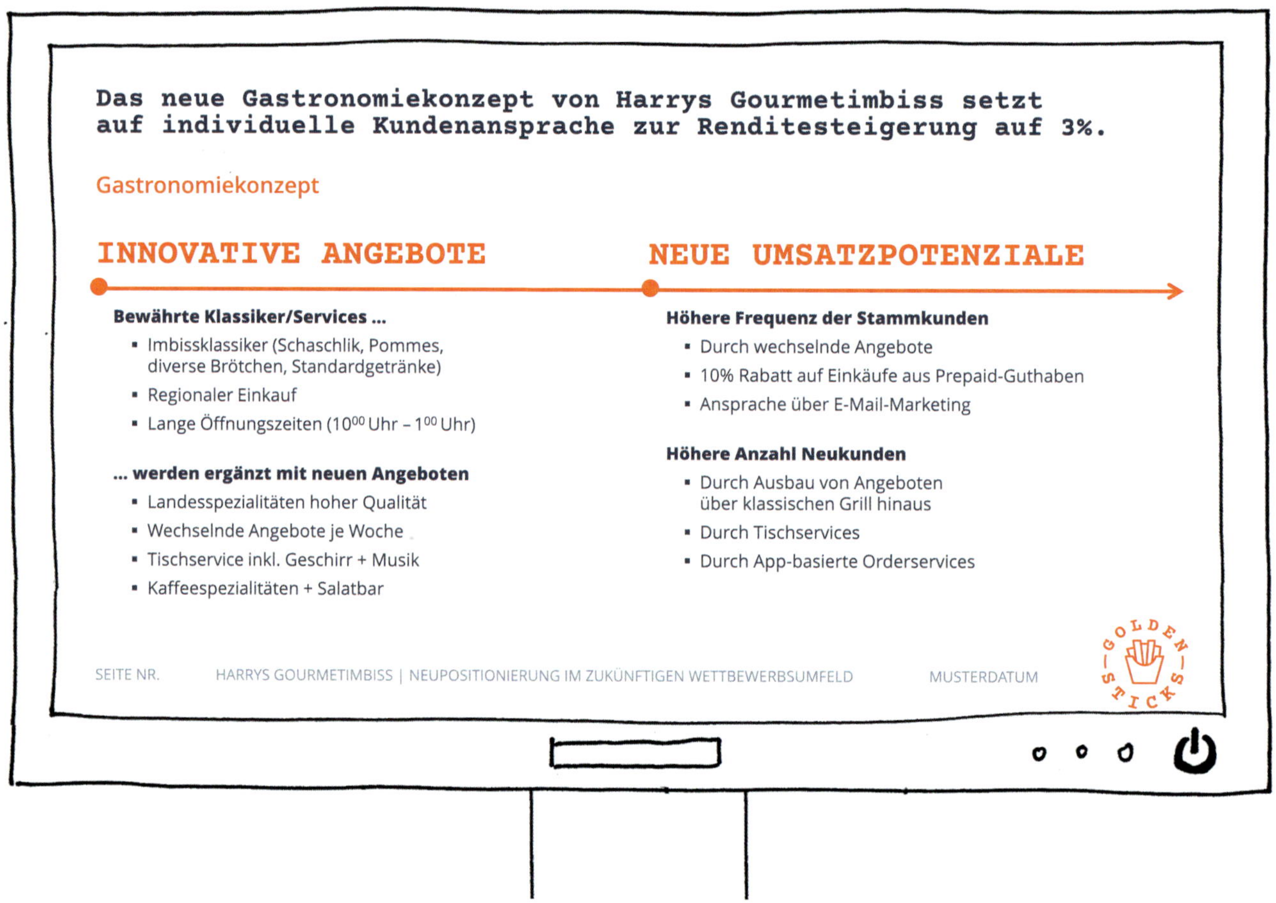
Das neue Gastronomiekonzept von Harrys Gourmetimbiss setzt auf individuelle Kundenansprache zur Renditesteigerung auf 3%.
Gastronomiekonzept
INNOVATIVE ANGEBOTE
NEUE UMSATZPOTENZIALE
Bewährte Klassiker/Services ...
▪ Imbissklassiker (Schaschlik, Pommes, diverse Brötchen, Standardgetränke)
▪ Regionaler Einkauf
▪ Lange Öffnungszeiten (10^{00} Uhr – 1^{00} Uhr)
... werden ergänzt mit neuen Angeboten
▪ Landesspezialitäten hoher Qualität
▪ Wechselnde Angebote je Woche
▪ Tischservice inkl. Geschirr + Musik
▪ Kaffeespezialitäten + Salatbar
Höhere Frequenz der Stammkunden
▪ Durch wechselnde Angebote
▪ 10% Rabatt auf Einkäufe aus Prepaid-Guthaben
▪ Ansprache über E-Mail-Marketing
Höhere Anzahl Neukunden
▪ Durch Ausbau von Angeboten über klassischen Grill hinaus
▪ Durch Tischservices
▪ Durch App-basierte Orderservices
SEITE NR.
HARRYS GOURMETIMBISS | NEUPOSITIONIERUNG IM ZUKÜNFTIGEN WETTBEWERBSUMFELD
MUSTERDATUM
GOLDEN-STICKS

FOLIE 2

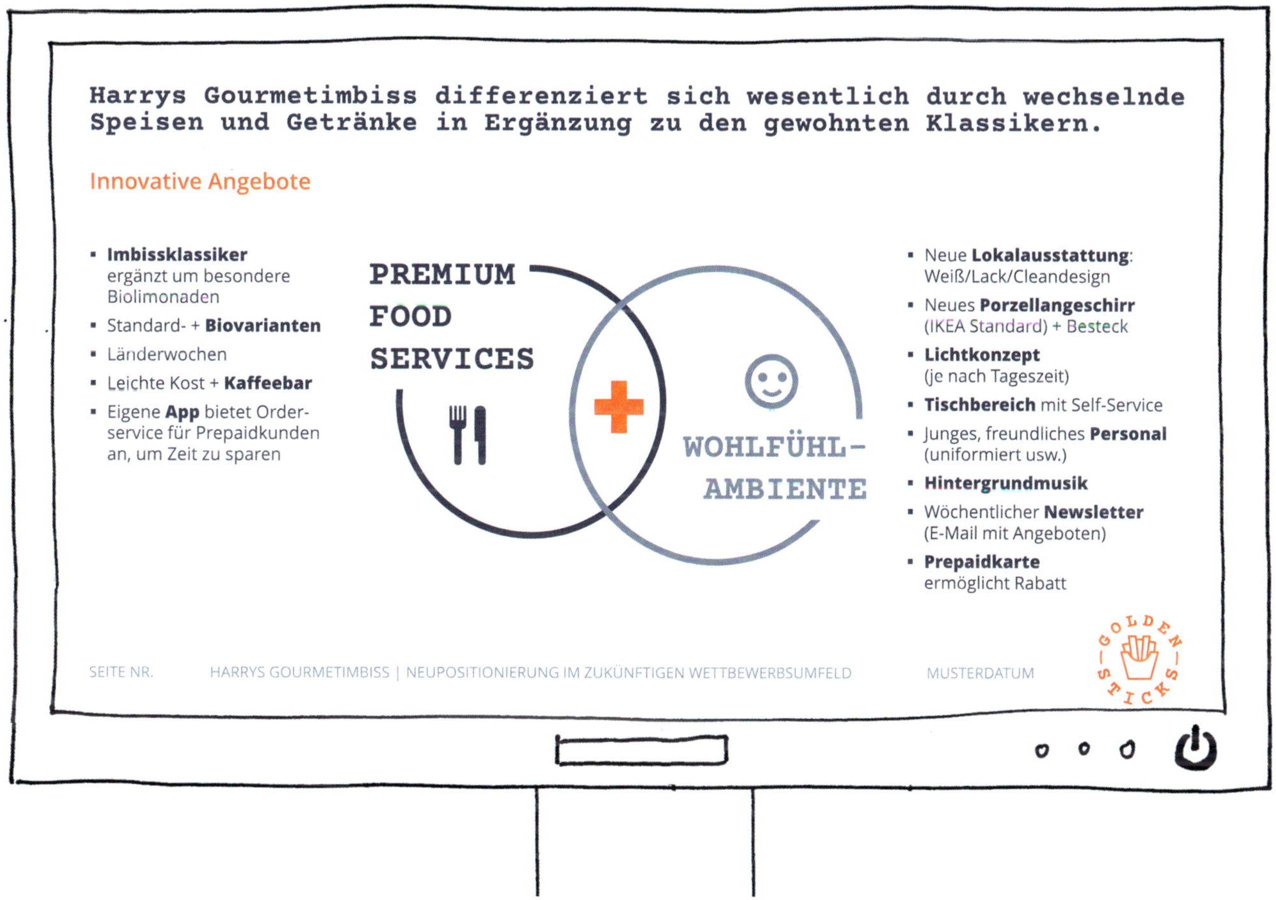
Harrys Gourmetimbiss differenziert sich wesentlich durch wechselnde Speisen und Getränke in Ergänzung zu den gewohnten Klassikern.
Innovative Angebote
▪ Imbissklassiker ergänzt um besondere Biolimonaden
▪ Standard- + Biovarianten
▪ Länderwochen
▪ Leichte Kost + Kaffeebar
▪ Eigene App bietet Orderservice für Prepaidkunden an, um Zeit zu sparen
PREMIUM FOOD SERVICES
WOHLFÜHL-AMBIENTE
▪ Neue Lokalausstattung: Weiß/Lack/Cleandesign
▪ Neues Porzellangeschirr (IKEA Standard) + Besteck
▪ Lichtkonzept (je nach Tageszeit)
▪ Tischbereich mit Self-Service
▪ Junges, freundliches Personal (uniformiert usw.)
▪ Hintergrundmusik
▪ Wöchentlicher Newsletter (E-Mail mit Angeboten)
▪ Prepaidkarte ermöglicht Rabatt
SEITE NR.
HARRYS GOURMETIMBISS | NEUPOSITIONIERUNG IM ZUKÜNFTIGEN WETTBEWERBSUMFELD
MUSTERDATUM
GOLDEN STICKS

FOLIE 3

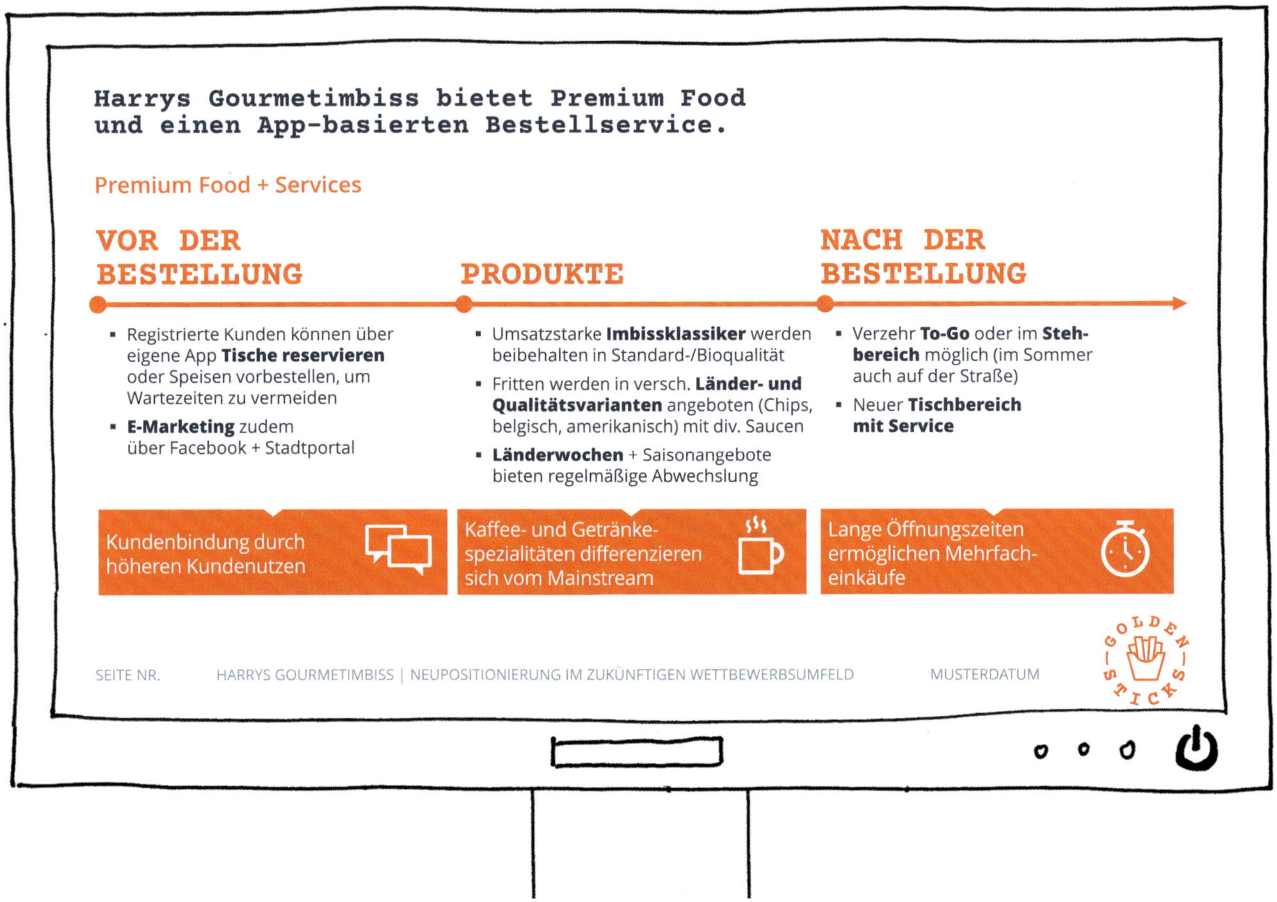
Harrys Gourmetimbiss bietet Premium Food
und einen App-basierten Bestellservice.
Premium Food + Services
VOR DER BESTELLUNG
PRODUKTE
NACH DER BESTELLUNG
▪ Registrierte Kunden können über eigene App Tische reservieren oder Speisen vorbestellen, um Wartezeiten zu vermeiden
▪ E-Marketing zudem über Facebook + Stadtportal
▪ Umsatzstarke Imbissklassiker werden beibehalten in Standard-/Bioqualität
▪ Fritten werden in versch. Länder- und Qualitätsvarianten angeboten (Chips, belgisch, amerikanisch) mit div. Saucen
▪ Länderwochen + Saisonangebote bieten regelmäßige Abwechslung
▪ Verzehr To-Go oder im Stehbereich möglich (im Sommer auch auf der Straße)
▪ Neuer Tischbereich mit Service
Kundenbindung durch höheren Kundenutzen
Kaffee- und Getränkespezialitäten differenzieren sich vom Mainstream
Lange Öffnungszeiten ermöglichen Mehrfacheinkäufe
SEITE NR.
HARRYS GOURMETIMBISS | NEUPOSITIONIERUNG IM ZUKÜNFTIGEN WETTBEWERBSUMFELD
MUSTERDATUM
GOLDEN-STICKS

FOLIE 4

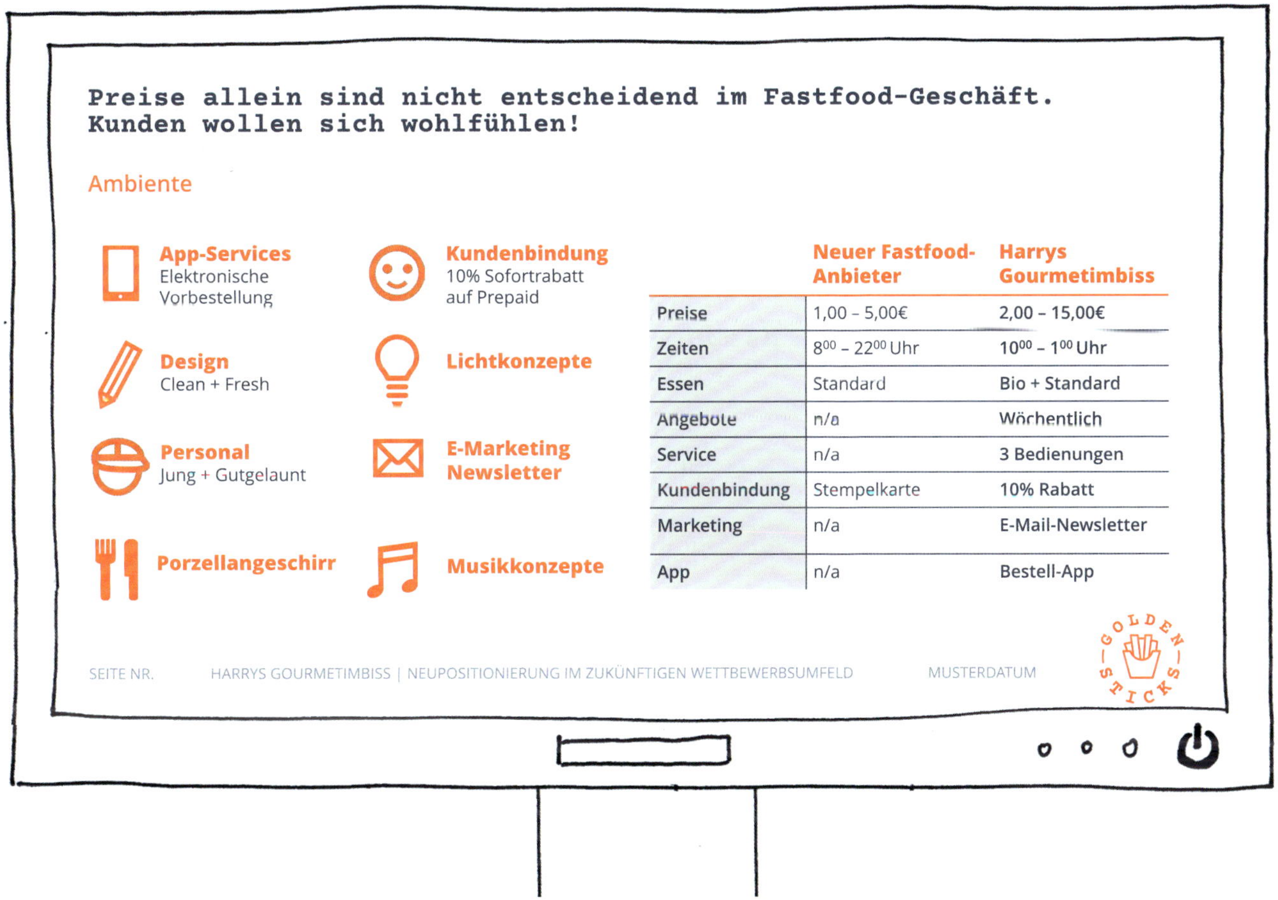
Preise allein sind nicht entscheidend im Fastfood-Geschäft. Kunden wollen sich wohlfühlen!
Ambiente
App-Services
Elektronische Vorbestellung
Kundenbindung
10% Sofortrabatt auf Prepaid
Design
Clean + Fresh
Lichtkonzepte
Personal
Jung + Gutgelaunt
E-Marketing Newsletter
Porzellangeschirr
Musikkonzepte
Neuer Fastfood-Anbieter
Harrys Gourmetimbiss
Preise
1,00 – 5,00€
2,00 – 15,00€
Zeiten
8⁰⁰ – 22⁰⁰ Uhr
10⁰⁰ – 1⁰⁰ Uhr
Essen
Standard
Bio + Standard
Angebote
n/a
Wöchentlich
Service
n/a
3 Bedienungen
Kundenbindung
Stempelkarte
10% Rabatt
Marketing
n/a
E-Mail-Newsletter
App
n/a
Bestell-App
SEITE NR.
HARRYS GOURMETIMBISS | NEUPOSITIONIERUNG IM ZUKÜNFTIGEN WETTBEWERBSUMFELD
MUSTERDATUM
GOLDEN STICKS

FOLIE 5

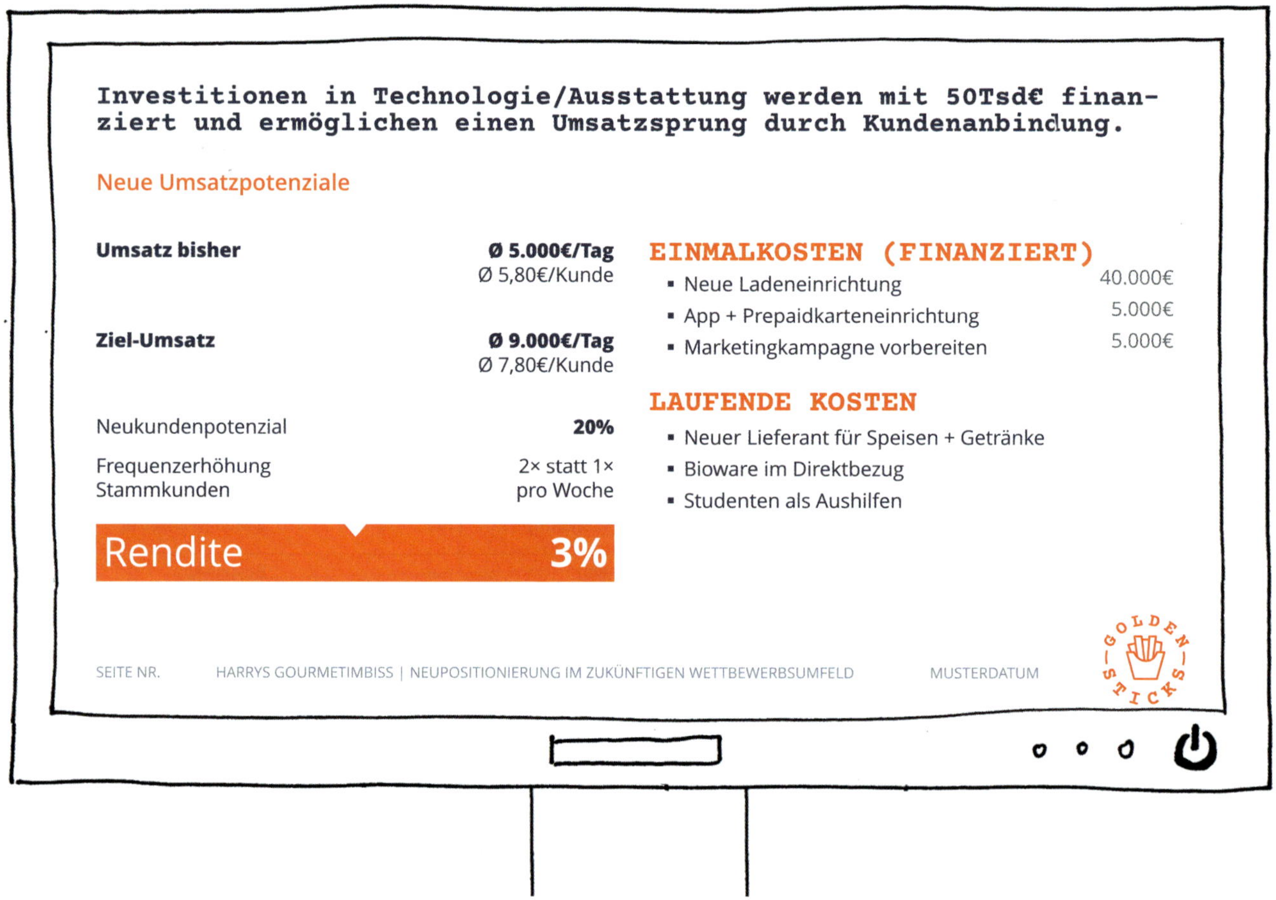
Investitionen in Technologie/Ausstattung werden mit 50Tsd€ finanziert und ermöglichen einen Umsatzsprung durch Kundenanbindung.
Neue Umsatzpotenziale
Umsatz bisher
Ø 5.000€/Tag
Ø 5,80€/Kunde
Ziel-Umsatz
Ø 9.000€/Tag
Ø 7,80€/Kunde
Neukundenpotenzial
20%
Frequenzerhöhung Stammkunden
2× statt 1× pro Woche
Rendite
3%
EINMALKOSTEN (FINANZIERT)
Neue Ladeneinrichtung 40.000€
App + Prepaidkarteneinrichtung 5.000€
Marketingkampagne vorbereiten 5.000€
LAUFENDE KOSTEN
Neuer Lieferant für Speisen + Getränke
Bioware im Direktbezug
Studenten als Aushilfen
SEITE NR.
HARRYS GOURMETIMBISS | NEUPOSITIONIERUNG IM ZUKÜNFTIGEN WETTBEWERBSUMFELD
MUSTERDATUM
GOLDEN-STICKS

FOLIE 6

Ähnliche Anbieter in anderen Großstädten berichten von erhöhter Kundenfrequenz und dadurch erhöhtem Umsatz von bis zu 50%.

Wettbewerbsanalyse

	Vorher	Nachher	Umsatz
1 **Vapianola** Weltweit	Helle Beleuchtung	High-quality Ladeneinrichtung & Ambiente	+ 50%
2 **Wagamama** UK	Keine Musik	Hintergrundmusik	+ 30%
3 **Curry Hurry** Düsseldorf	Einfache Wurstqualität	Premiumwurst & Pommes Frites	+ 10%
4 **Mon Bijou** Paris	Waren aus Großbäckerei	Inhouse Baguetteproduktion	+ 45%
5 **Gaudi** München	Einfache Speisen	Porzellanservice & eigene Senfprodukte	+ 35%

SEITE NR. HARRYS GOURMETIMBISS | NEUPOSITIONIERUNG IM ZUKÜNFTIGEN WETTBEWERBSUMFELD MUSTERDATUM

FOLIE 7

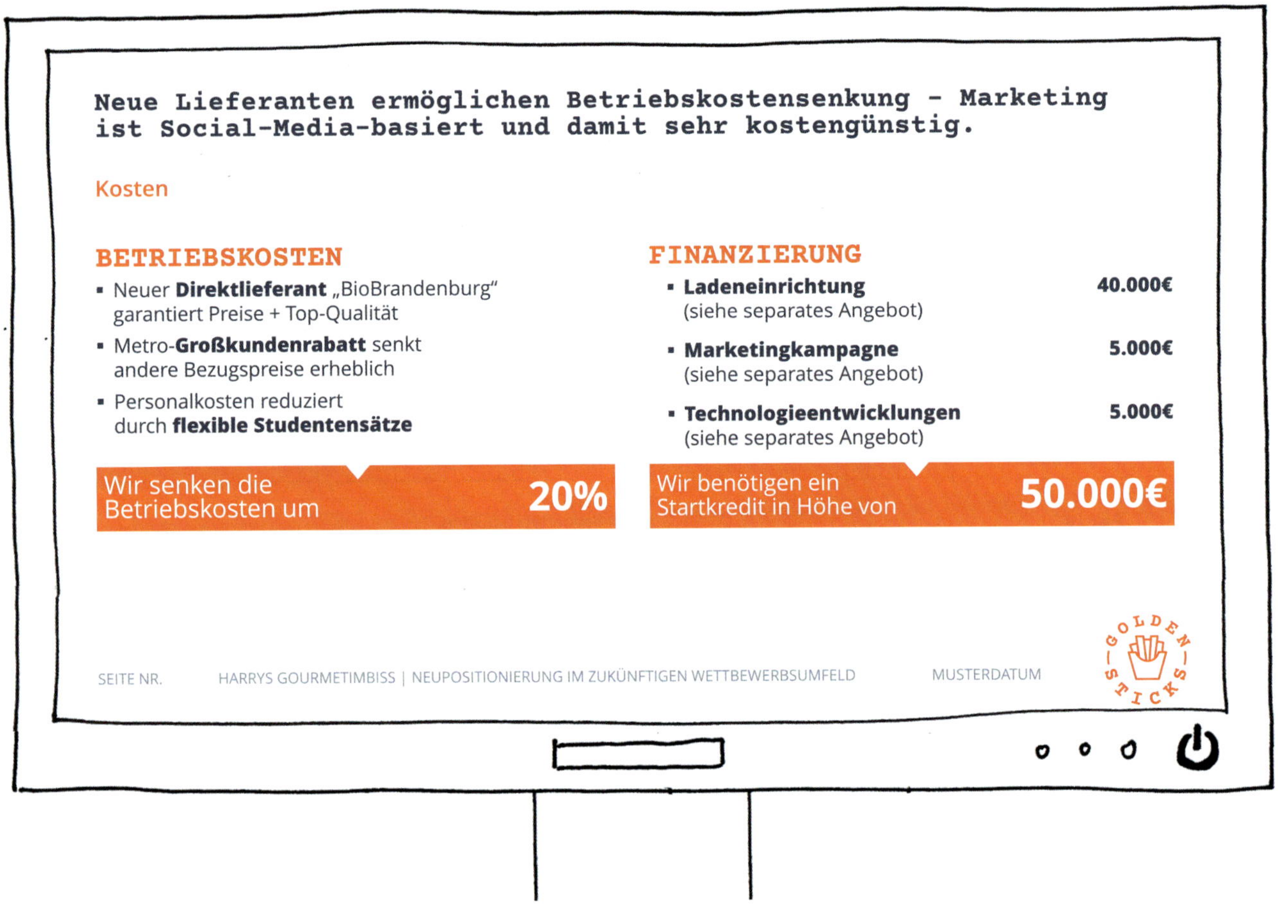
Neue Lieferanten ermöglichen Betriebskostensenkung - Marketing ist Social-Media-basiert und damit sehr kostengünstig.
Kosten
BETRIEBSKOSTEN
▪ Neuer Direktlieferant „BioBrandenburg“ garantiert Preise + Top-Qualität
▪ Metro-Großkundenrabatt senkt andere Bezugspreise erheblich
▪ Personalkosten reduziert durch flexible Studentensätze
Wir senken die Betriebskosten um
20%
FINANZIERUNG
▪ Ladeneinrichtung (siehe separates Angebot)
40.000€
▪ Marketingkampagne (siehe separates Angebot)
5.000€
▪ Technologieentwicklungen (siehe separates Angebot)
5.000€
Wir benötigen ein Startkredit in Höhe von
50.000€
SEITE NR.
HARRYS GOURMETIMBISS | NEUPOSITIONIERUNG IM ZUKÜNFTIGEN WETTBEWERBSUMFELD
MUSTERDATUM
GOLDEN STICKS

FOLIE 8

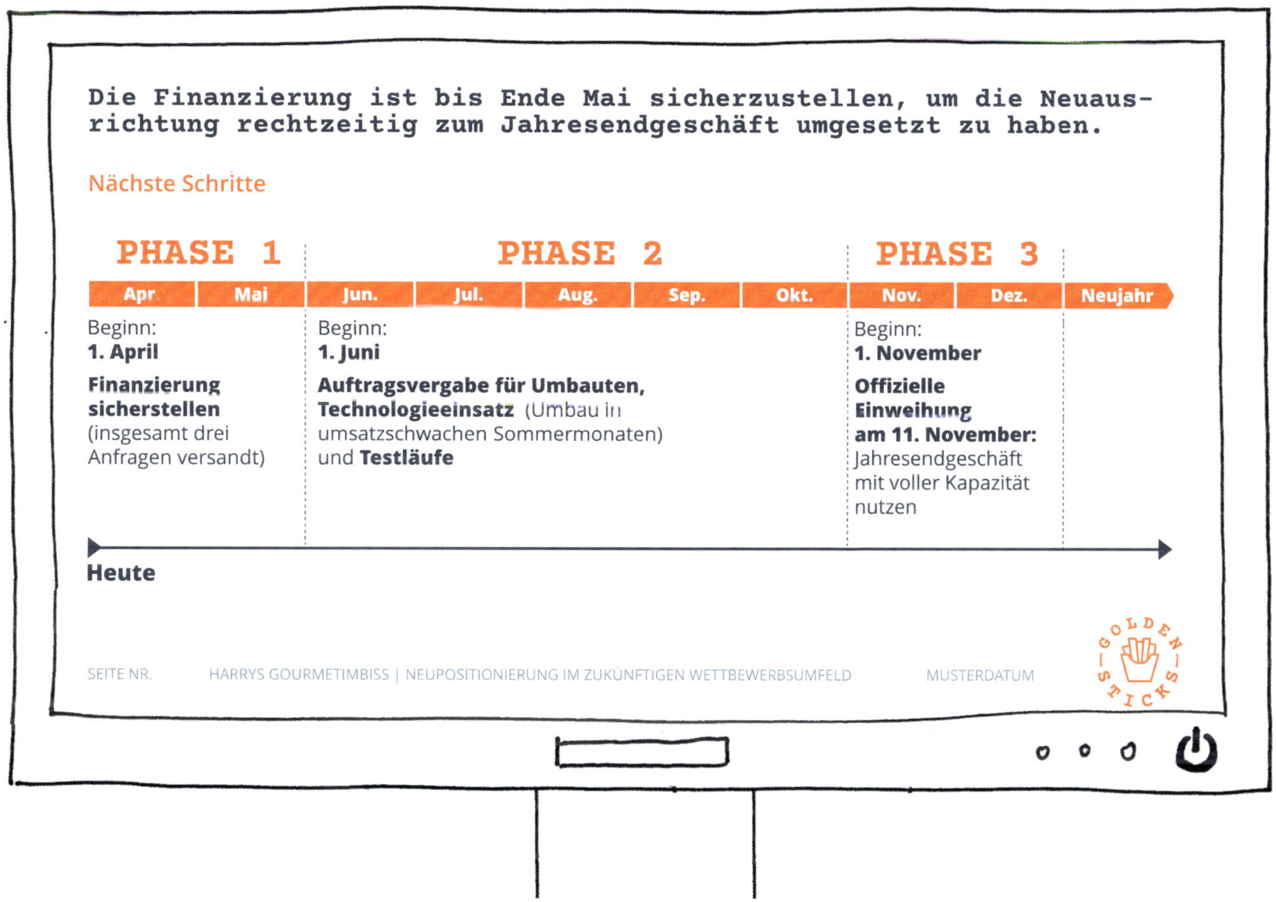
Die Finanzierung ist bis Ende Mai sicherzustellen, um die Neuausrichtung rechtzeitig zum Jahresendgeschäft umgesetzt zu haben.
Nächste Schritte
PHASE 1
PHASE 2
PHASE 3
Apr.
Mai
Jun.
Jul.
Aug.
Sep.
Okt.
Nov.
Dez.
Neujahr
Beginn: 1. April
Finanzierung sicherstellen (insgesamt drei Anfragen versandt)
Beginn: 1. Juni
Auftragsvergabe für Umbauten, Technologieeinsatz (Umbau in umsatzschwachen Sommermonaten) und Testläufe
Beginn: 1. November
Offizielle Einweihung am 11. November: Jahresendgeschäft mit voller Kapazität nutzen
Heute
SEITE NR.
HARRYS GOURMETIMBISS | NEUPOSITIONIERUNG IM ZUKÜNFTIGEN WETTBEWERBSUMFELD
MUSTERDATUM
GOLDEN STICKS

FOLIE 9

EINE GUT GEMACHTE BUSINESS-PRÄSENTATION, ABER …

Sie haben sich den Case und die Aufbereitung der Präsentation von Harry gut angeschaut? Sicher haben Sie mit den Hinweisen aus diesem Buch die Präsentation bereits so umgesetzt, dass Sie sowohl inhaltlich als auch visuell einen professionellen Gesamteindruck hinterläßt.

Nun kommt aber eine ganz neue Herausforderung auf Sie zu: Einer der Investoren fordert Sie dazu auf, die Präsentation in einer Woche **live on Stage** vor einer großen Investorenrunde zu präsentieren. Die gute Nachricht ist: Sie sind schon einmal gut aufgestellt, denn Sie haben Ihren Präsentationsgegenstand gut durchdacht und auch gestalterisch so aufbereitet, dass Ihre Botschaften verstanden werden. Allerdings haben Ihre Folien noch sehr viel Text und die Inhalte sind sehr dicht formuliert.

ERKENNTNIS DURCH FRAGEN SCHAFFEN

Machen Sie sich bewusst, dass Sie vor einem Publikum sprechen, das in erster Linie auf **Sie als Präsentator** blickt und Ihnen und Ihrem Vortrag folgen wird. Sie haben den gesamten pyramidalen Prozess durchlaufen. Sie sind absolut im Thema. Nehmen Sie sich trotzdem die Zeit, nochmals über Ihre Folien zu gehen: Habe ich mich auf die wesentlichen Aussagen konzentriert? Ist die visuelle Darstellung verständlich und prägnant?

So wird die eigentliche Präsentationsunterlage zum **unterstützenden Medium,** das Ihnen hilft, Ihre Geschichte zu erzählen, ohne aber die Zuhörer zu stark abzulenken und auf Textpassagen und Kolumnen in Ihrer Präsentation zu fokussieren.

GLEICHE STORY, GLEICHE STRUKTUR, GLEICHE INHALTE

Für diesen Schritt müssen Sie nicht die Story neu schreiben, eine andere Struktur wählen oder einen anderen Ablauf planen; auch die Inhalte, die Sie bei der Präsentation vortragen werden, bleiben die Gleichen. Aber das, was auf den einzelnen Folien umgesetzt wird, verschlanken Sie. Weniger Text, keine ausformulierten Headlines (denn die erzählen Sie selbst in der Präsentation) und keine komplizierten Darstellungen!

Jetzt sind Sie neugierig geworden, wie das wohl aussehen könnte? Auf den kommenden Seiten haben wir die Folien einmal beispielhaft für eine Bühnenpräsentation aufbereitet. Viel Spaß beim Durchblättern.

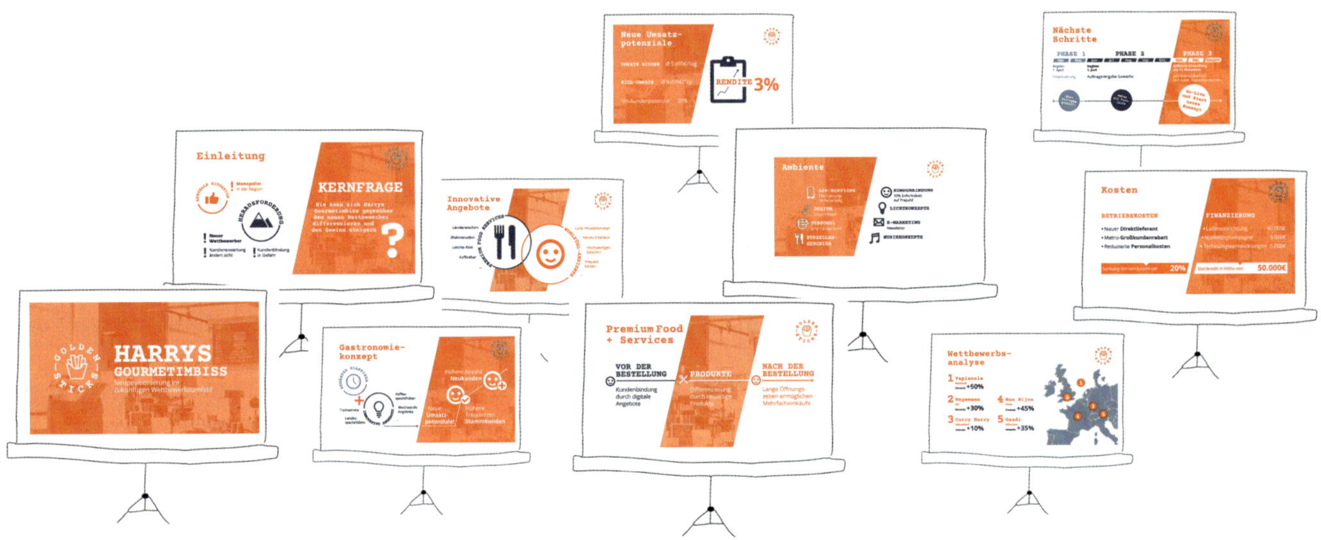

GOLDEN STICKS
HARRYS
GOURMETIMBISS
Neupositionierung im
zukünftigen Wettbewerbsumfeld
TITEL

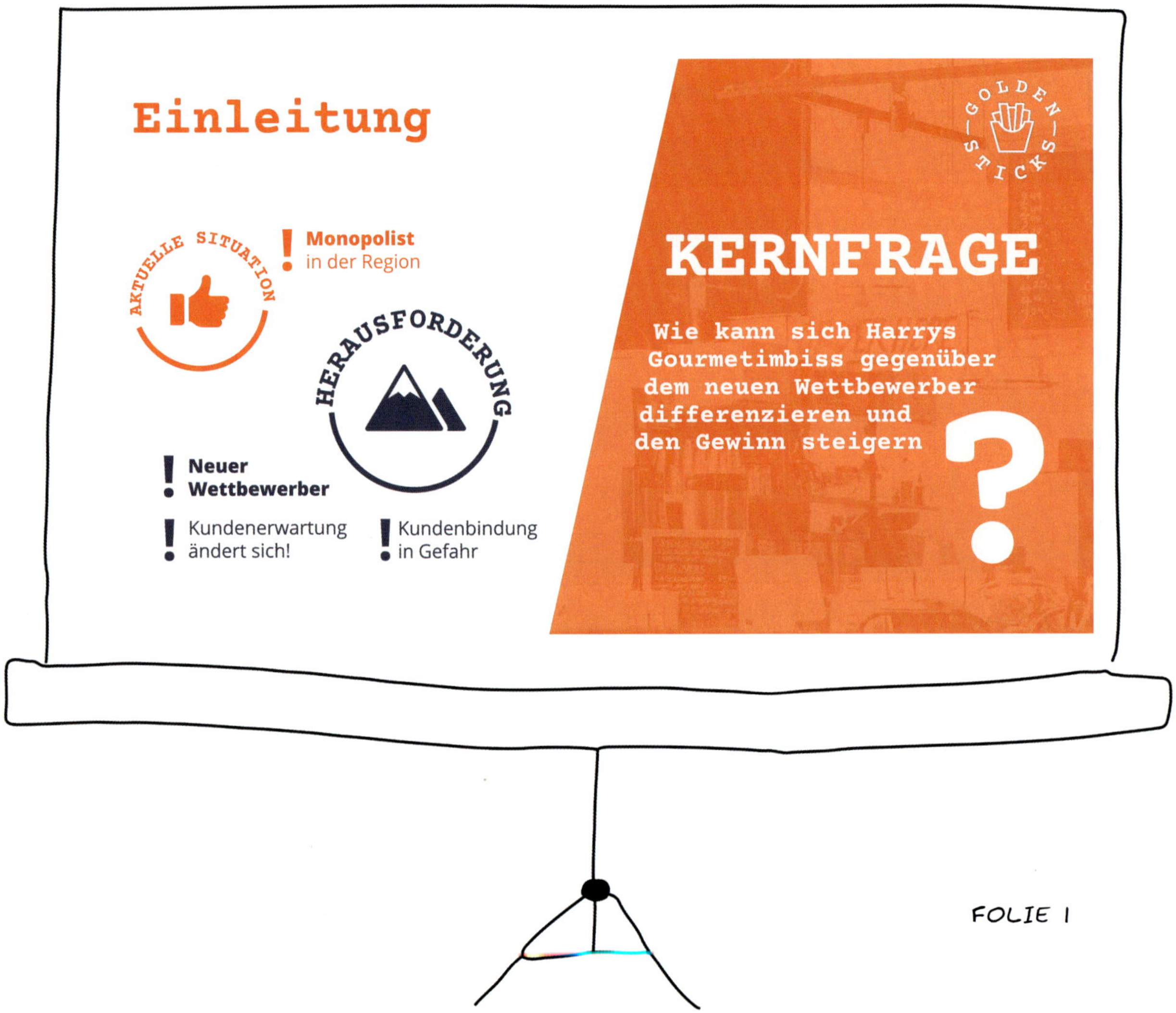
Einleitung
AKTUELLE SITUATION
Monopolist
in der Region
HERAUSFORDERUNG
Neuer
Wettbewerber
Kundenerwartung
ändert sich!
Kundenbindung
in Gefahr
GOLDEN STICKS
KERNFRAGE
Wie kann sich Harrys Gourmetimbiss gegenüber dem neuen Wettbewerber differenzieren und den Gewinn steigern
?

FOLIE 1

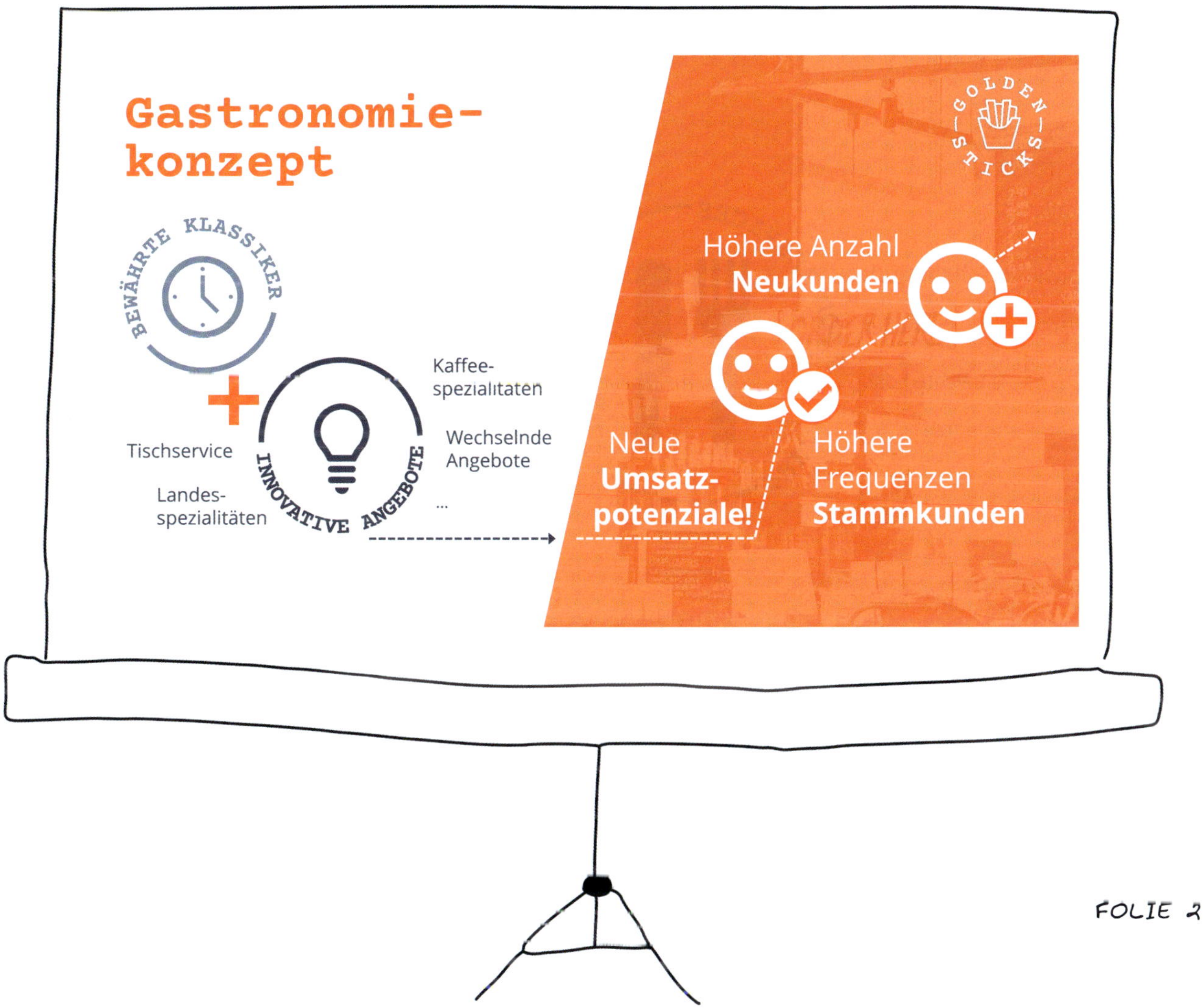
Gastronomie-
konzept
BEWÄHRTE KLASSIKER
INNOVATIVE ANGEBOTE
Tischservice
Landes-
spezialitäten
Kaffee-
spezialitäten
Wechselnde
Angebote
...
GOLDEN STICKS
Höhere Anzahl
Neukunden
Neue
Umsatz-
potenziale!
Höhere
Frequenzen
Stammkunden
FOLIE 2

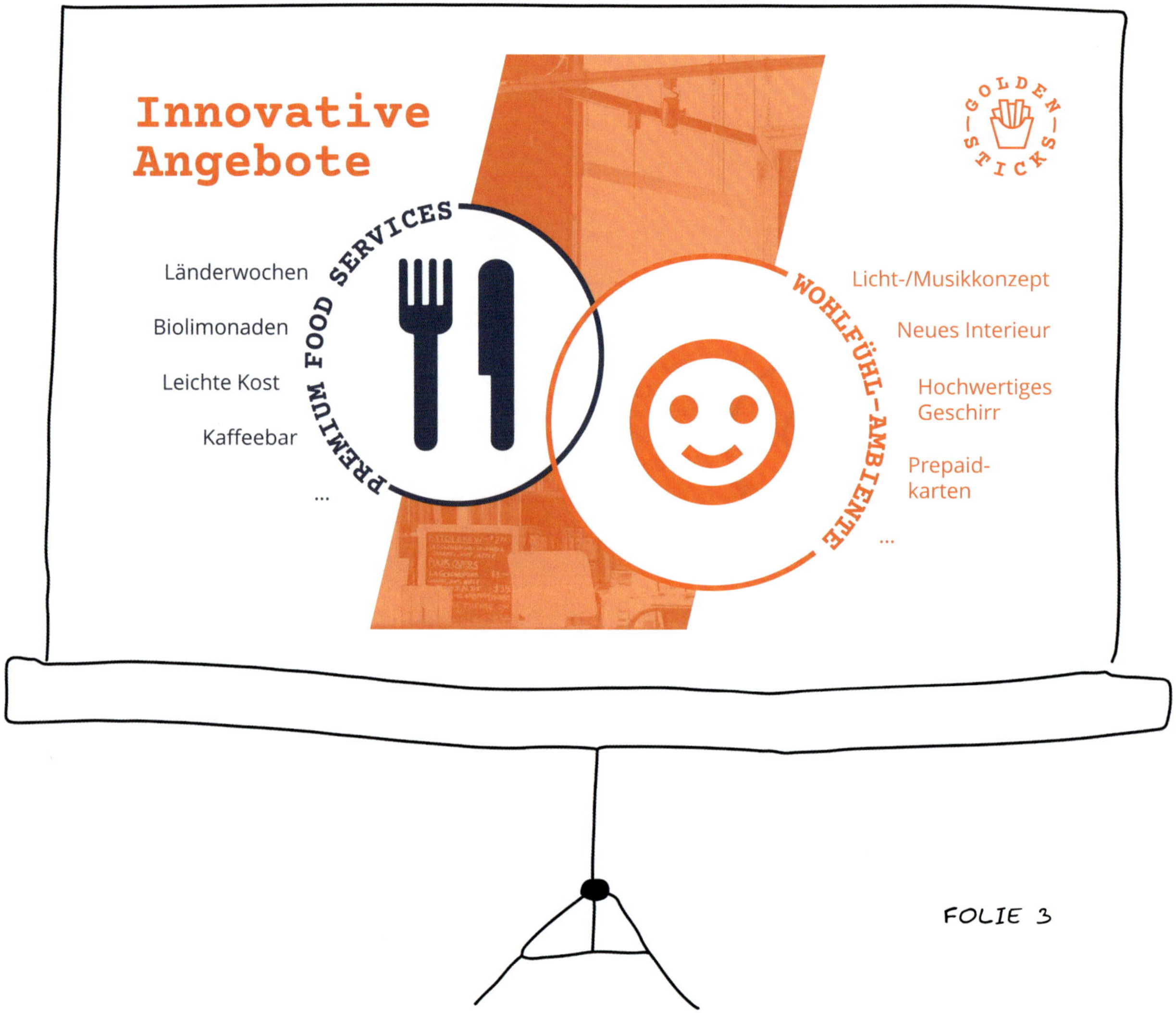

Innovative Angebote
GOLDEN STICKS
PREMIUM FOOD SERVICES
Länderwochen
Biolimonaden
Leichte Kost
Kaffeebar
...
WOHLFÜHL-AMBIENTE
Licht-/Musikkonzept
Neues Interieur
Hochwertiges Geschirr
Prepaid-karten
...
FOLIE 3

Premium Food
+ Services
GOLDEN STICKS
VOR DER BESTELLUNG
Kundenbindung durch digitale Angebote
PRODUKTE
Differenzierung durch neuartige Produkte
NACH DER BESTELLUNG
Lange Öffnungszeiten ermöglichen Mehrfacheinkäufe

FOLIE 4

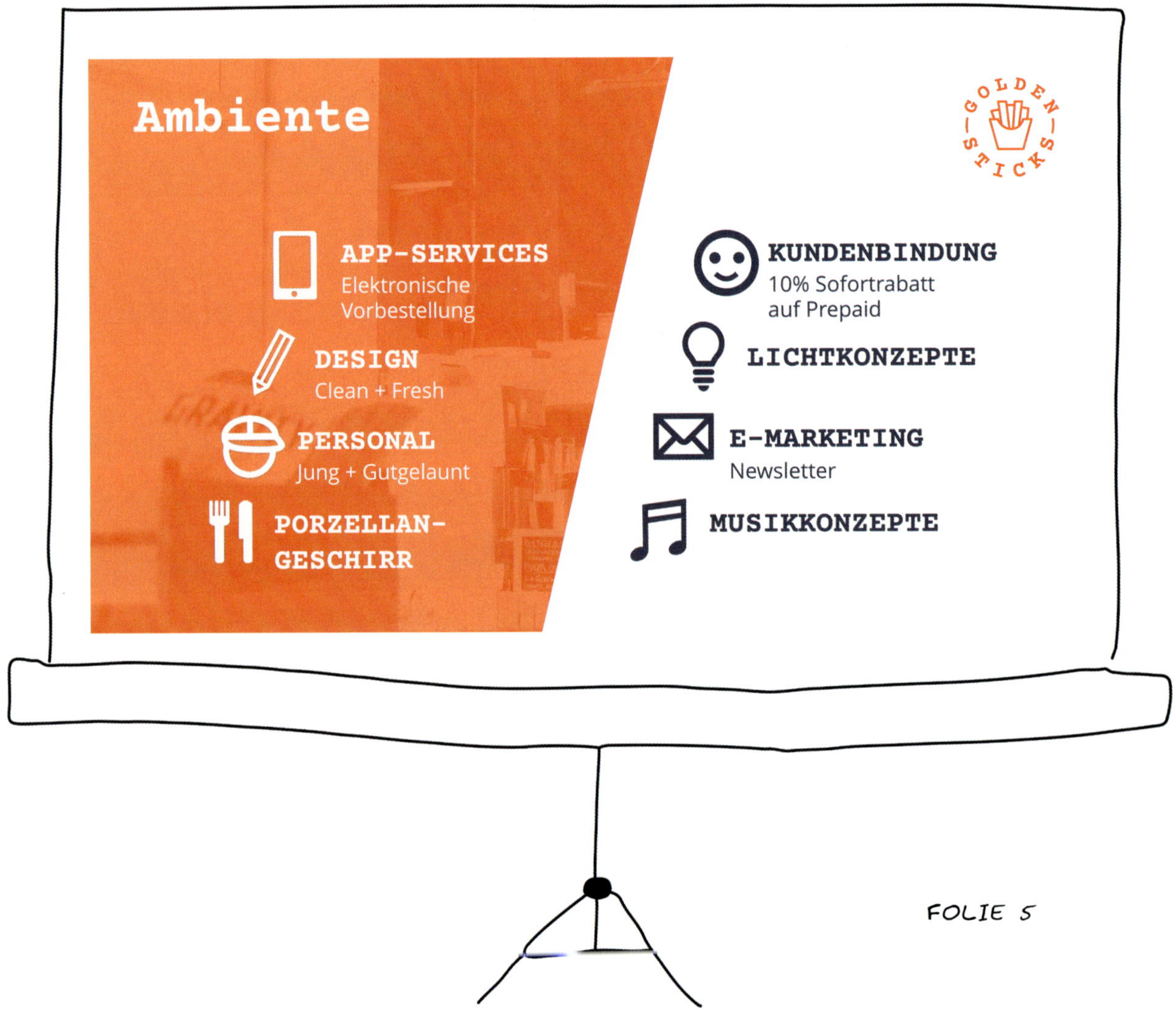
Ambiente
APP-SERVICES
Elektronische Vorbestellung
DESIGN
Clean + Fresh
PERSONAL
Jung + Gutgelaunt
PORZELLAN-GESCHIRR
GOLDEN STICKS
KUNDENBINDUNG
10% Sofortrabatt auf Prepaid
LICHTKONZEPTE
E-MARKETING
Newsletter
MUSIKKONZEPTE
FOLIE 5

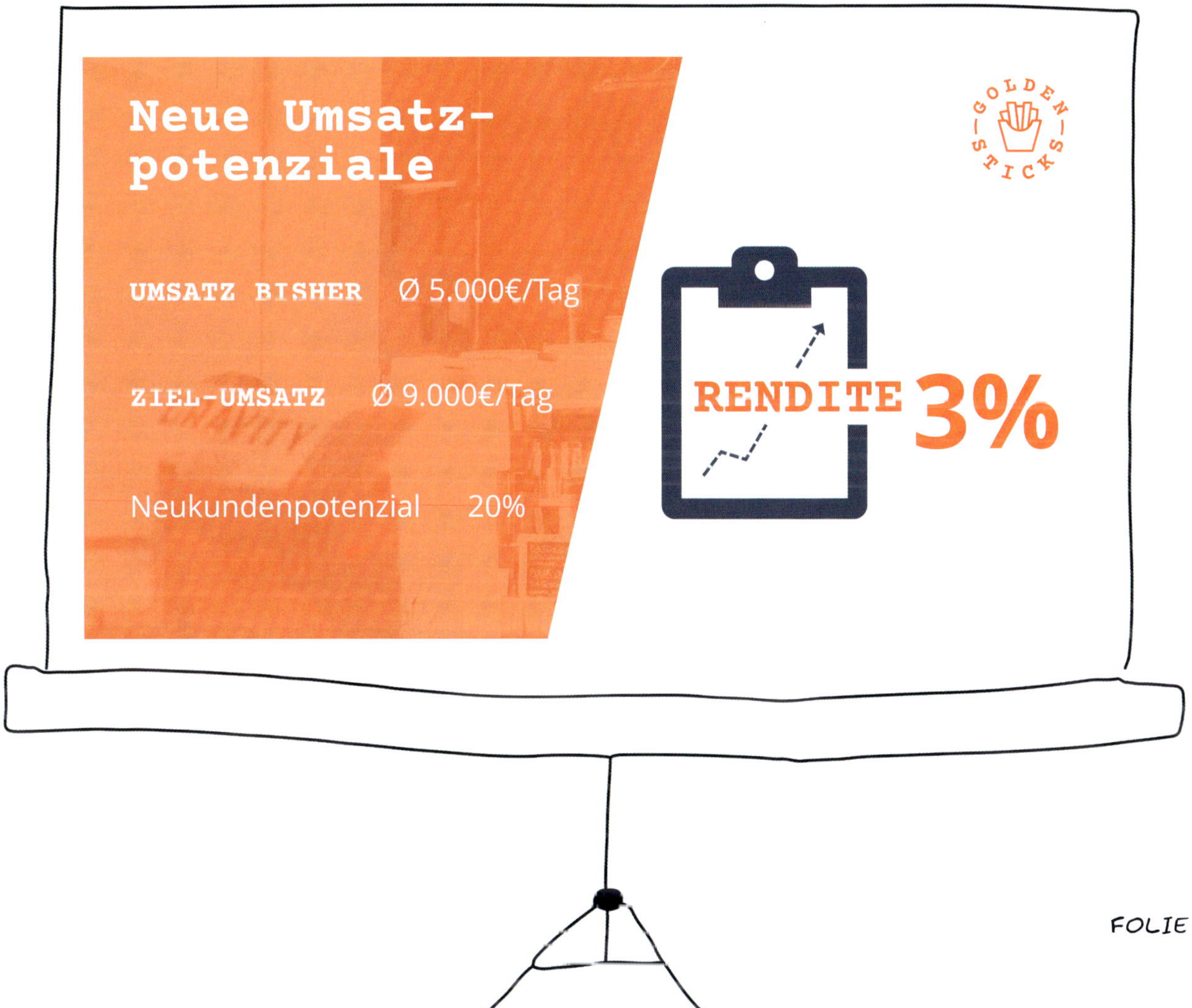
Neue Umsatz-potenziale
UMSATZ BISHER Ø 5.000€/Tag
ZIEL-UMSATZ Ø 9.000€/Tag
Neukundenpotenzial 20%
GOLDEN STICKS
RENDITE 3%

FOLIE 6

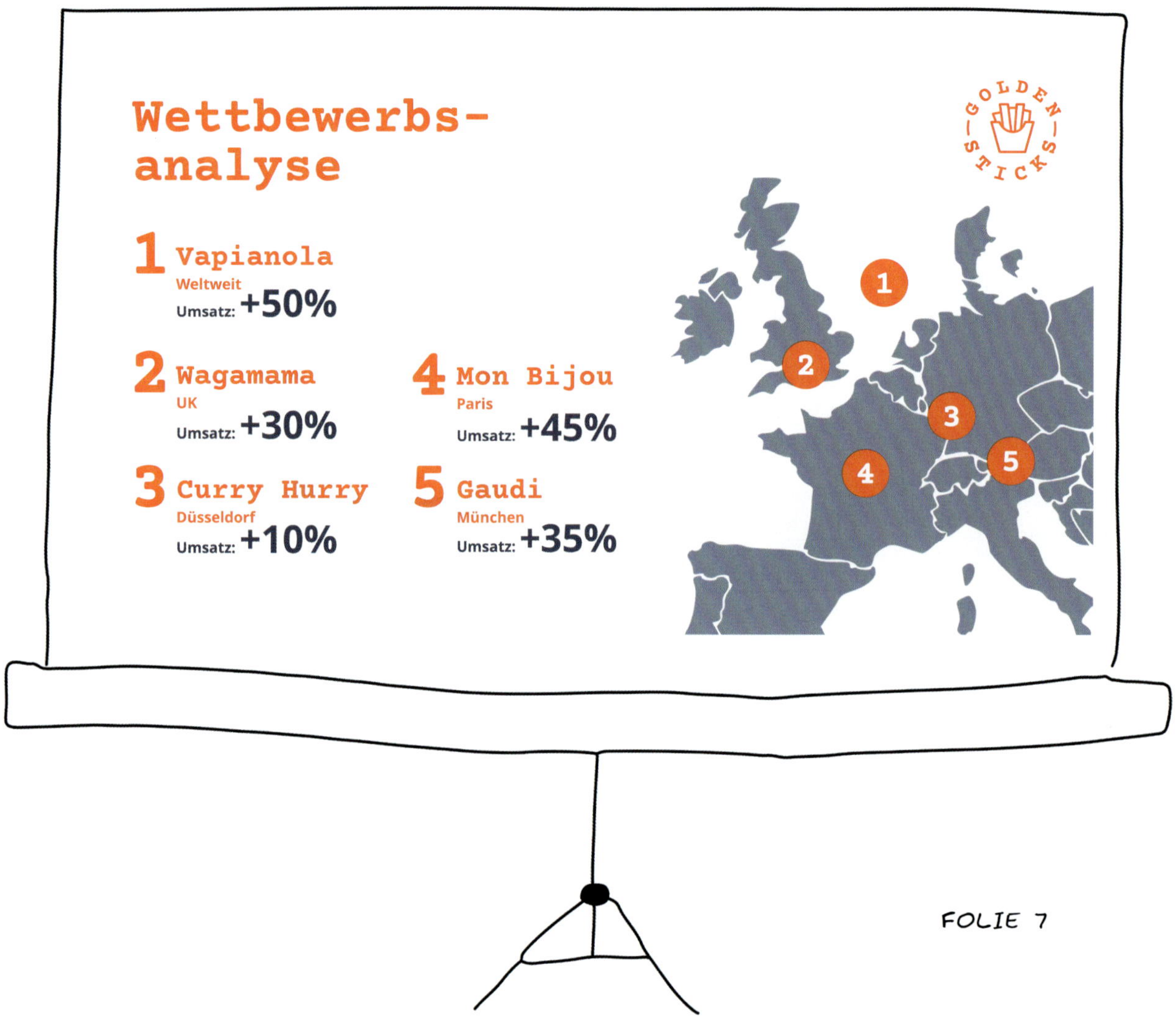
Wettbewerbs-
analyse
1 Vapianola
Weltweit
Umsatz: +50%
2 Wagamama
UK
Umsatz: +30%
3 Curry Hurry
Düsseldorf
Umsatz: +10%
4 Mon Bijou
Paris
Umsatz: +45%
5 Gaudi
München
Umsatz: +35%
GOLDEN STICKS
1
2
3
4
5
FOLIE 7

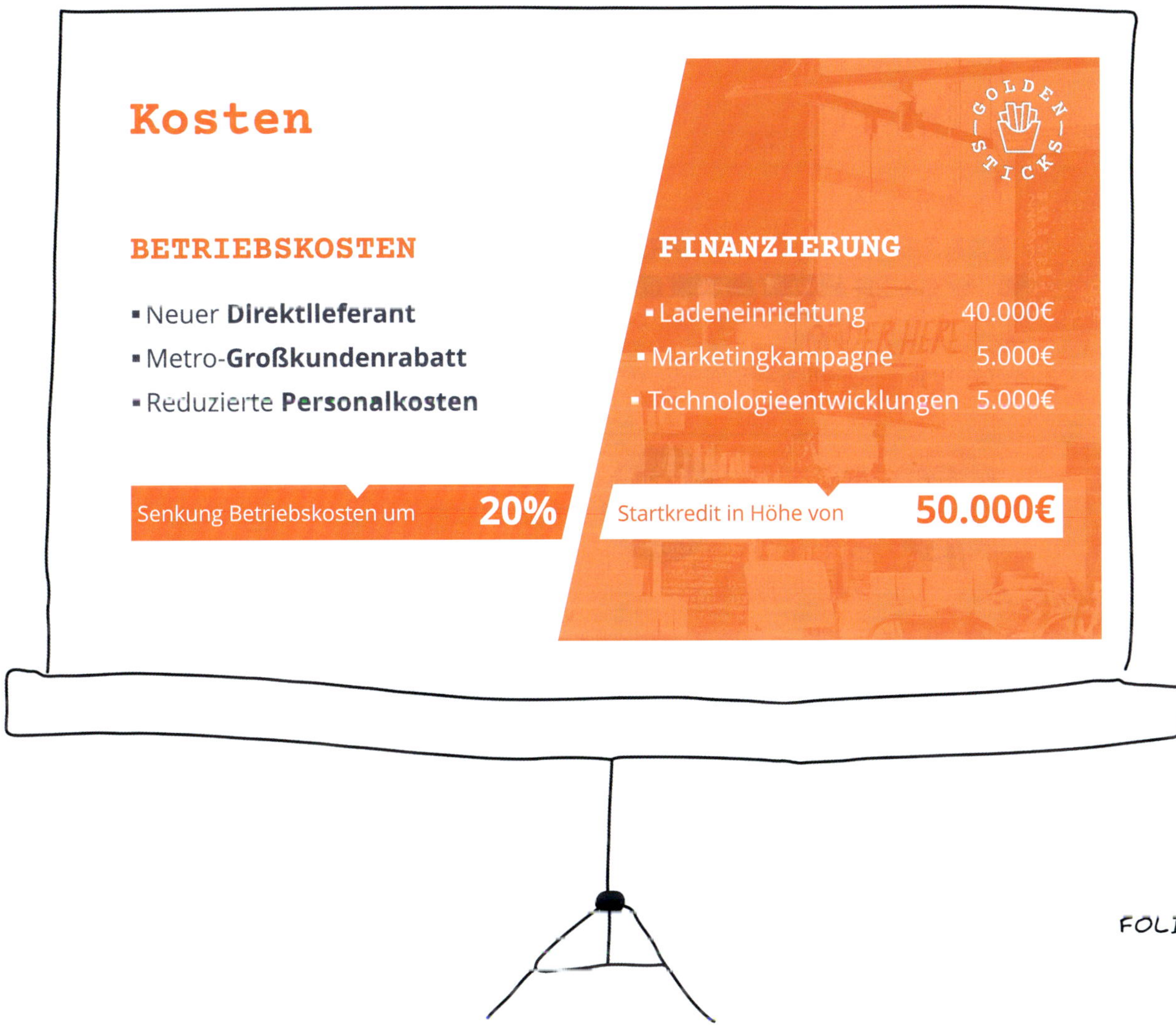
Kosten
BETRIEBSKOSTEN
Neuer Direktlieferant
Metro-Großkundenrabatt
Reduzierte Personalkosten
Senkung Betriebskosten um 20%
GOLDEN STICKS
FINANZIERUNG
Ladeneinrichtung 40.000€
Marketingkampagne 5.000€
Technologieentwicklungen 5.000€
Startkredit in Höhe von 50.000€

FOLIE 8

Nächste
Schritte
PHASE 1
PHASE 2
PHASE 3
Apr.
Mai
Jun.
Jul.
Aug.
Sep.
Okt.
Nov.
Dez.
Neujahr
Beginn:
1. April
Finanzierung
Beginn:
1. Juni
Auftragsvergabe Gewerke
Offizielle Einweihung
am 11. November
Jahresendgeschäft
mit voller Kapazität nutzen
Drei Anfragen gestellt
Umbau und Testläufe
Go-Live und Start neues Konzept
GOLDEN-STICKS

FOLIE 9

PLATZHIRSCH POWERPOINT

»Haben Sie schon einmal etwas von PowerPoint gehört?« »Ja, sicher!«, werden Sie sagen. Und das hat einen ganz einfachen Grund: PowerPoint ist – analog zum Betriebssystem Windows und der Verbreitung des Office-Pakets – ganz einfach der Standard in den meisten Büros weltweit. **Auch die in diesem Buch gezeigte Business-Präsentation von Harrys Gourmetimbiss wurde mit PowerPoint erstellt.**

Wir kennen kein großes, ob national oder international aufgestelltes Unternehmen, welches nicht mit PowerPoint-Präsentationen in Berührung kommt. Dies liegt zum einen darin begründet, dass diese Unternehmen selbst PowerPoint als Präsentationssoftware für Ihre Mitarbeiter einsetzen. Aber selbst wenn dies nicht der Fall ist, müssen beispielsweise im Rahmen von Kundenprojekten in den meisten Fällen Präsentationen im PowerPoint-Format abgeliefert und vorgestellt werden.

Trotzdem soll an dieser Stelle nicht verschwiegen werden, dass PowerPoint nicht das einzige Programm seiner Art ist, wobei die folgende Aufstellung keinen Anspruch auf Vollständigkeit hat.

Der amerikanische Computerhersteller Apple führt seit einigen Jahren ein Pendant namens *»Keynote«* in seinem Portfolio. Das Programm ist eine Alternative für alle Nutzer der Apple-Macintosh-Computer. Keynote glänzt dabei mit jener Schlichtheit und einfachen Bedienbarkeit, die Apple-Produkte im Allgemeinen kennzeichnen. Anders als PowerPoint ist die Applikation aus Cupertino nicht mit Funktionen überfrachtet. Dennoch bietet sie insbesondere im Animationsbereich auch einige interessante Neuerungen. Keynote beschränkt sich derzeit (noch) auf die grundlegenden Features, was die Benutzeroberfläche übersichtlich hält und die Einarbeitung ziemlich leicht macht. Zudem schlägt es mit einer Im- und Exportfunktion von und nach PowerPoint die Brücke in die Windows-Welt. **Aber Vorsicht:** Abhängig von der verwendeten Office-Version kann es vorkommen, dass nicht alle Elemente einer Business-Präsentation zu 100% korrekt ankommen. Insbesondere Schriften können bisweilen falsch übernommen werden, was zu unschönen Veränderungen der Folien führt. Für alle Mac-User, die ihre Business-Präsentationen nur auf ihren eigenen Geräten laufen lassen oder nur gelegentlich mit Windows-Usern austauschen wollen, ist Keynote aber eine schöne und preisgünstige Option.

Eine kostenfreie Alternative zu PowerPoint steht mit der Software *»Impress«* aus der Open-Office-Suite zur Verfügung. Dieses Open-Source-Programm läuft auf den drei großen Plattformen Linux, Windows und Mac OS X und liefert alle wesentlichen Werkzeuge, die zum Erstellen von Präsentationen erforderlich sind. Auch Impress bietet die Möglichkeit, Business-Präsentationen in den Microsoft-Office-Formaten einzulesen und auszugeben. Aber auch hier sollten Sie nach einer Migration die Übereinstimmung genauestens prüfen, da es zu Darstellungsproblemen beim Im- und Export kommen kann.

PROFESSIONELLE ANWENDUNG DER PRÄSENTATIONSSOFTWARE POWERPOINT

»Die drei sind ja drollig! Wenn das mal so einfach wäre ...«, werden Sie jetzt vielleicht denken. Denn obwohl PowerPoint heute für viele ein Standardwerkzeug ist wie die Säge für den Schreiner, so haben doch eine Menge Nutzer ihre Last mit diesem Programm. Alleine der Gedanke an die nicht immer einfache und intuitive Bedieneroberfläche oder auch der regelmäßige Wechsel von Programmreleases lässt so manchem Zeitgenossen die Haare zu Berge stehen. Denn noch längst nicht finden in allen Büros regelmäßige Schulungen zu den Grundlagen der Software statt. Geschweige denn, dass die Mitarbeiter in die feineren Details und Features oder auch die jeweils neuesten Programmversionen eingewiesen werden. **Die Folge: Das Erstellen einer Business-Präsentation nimmt oft weitaus mehr Zeit in Anspruch als nötig und vorhanden.**

Und so bleibt häufig nur die Selbsthilfe. Hierfür stehen mehrere Möglichkeiten zur Verfügung: Das Programm selbst, Literatur, multimediale Tutorials und natürlich das Internet unterstützen uns dabei. Auch wenn keine Seminare durch das Unternehmen angeboten werden, so können wir — je nach Begabung und Lerntypus — mit diesen Hilfsmitteln mindestens auf den gleichen Wissensstand kommen wie nach einer guten Schulung.

Darüber hinaus ist jeder PowerPoint-Neuling mit einem der zahlreich auf dem Markt befindlichen Einführungsbücher oder einem DVD-Tutorial gut beraten. Der Literaturmarkt hält hier mittlerweile eine Fülle an Schulungsmaterialien bereit, sodass jeder Lerntypus bedient wird.

Aber wie Sie bald feststellen werden, ist die **eigene Erfahrung immer noch der beste Lehrmeister.** Mit PowerPoint verhält es sich wie mit einem Handwerk, einer Sportart oder einem Musikinstrument:

ÜBEN, ÜBEN, ÜBEN!

Erst das kontinuierliche Training macht Sie wirklich zum Meister. Sofern Sie die Gelegenheit dazu haben, sollten Sie daher möglichst viel ausprobieren und mit dem Programm immer wieder herumexperimentieren. So erhalten Sie einen maximalen Überblick über die Funktionen der Software. Und Fehler, die man einmal gemacht hat, oder Probleme, die man selbst einmal gelöst hat, bleiben einem bekanntlich wesentlich stärker in Erinnerung als die Dinge, die man irgendwann einmal bei einer Schulung am Rande gehört hat.

Mit jeder Business-Präsentation, die Sie selbst erstellt haben, werden sich Ihr Wissen und Ihre Fertigkeiten in PowerPoint verbessern – eine Erfahrung, die sich bald in einem höheren Arbeitstempo auszahlen wird.

NEHMEN SIE SICH AUSREICHEND ZEIT

Selbst bei besonders wichtigen Präsentationsanlässen stellen wir fest, dass viele Nutzer für die technische Umsetzung einer Business-Präsentation oft zu wenig Zeit einkalkulieren. In der Vorphase der Erstellung geht teilweise viel Zeit für die Strukturierung, die inhaltliche Vorbereitung und vor allem auch die Abstimmung verloren. Wenn dann der Abgabetermin für eine Business-Präsentation näherrückt, entsteht meist noch zusätzlicher Druck. Das führt dazu, dass die Folien am Ende einfach zusammenkopiert werden. Dementsprechend sieht die Business-Präsentation aus. **Planen Sie bei Ihrer nächsten Business-Präsentation auch für diesen besonders wichtigen Schritt der technischen Umsetzung ausreichend Zeit ein,** um nicht nur durch Struktur und Inhalt, sondern auch durch Visualität und grafische Perfektion zu überzeugen. Kalkulieren Sie pro Tag nicht mehr als 20 Folien ein, um eine ausreichend gute Business-Präsentation umzusetzen. Nehmen Sie sich diese Zeit und Sie werden feststellen, dass Ihr Endergebnis in allen Dimensionen durch Klarheit und Professionalität besticht.

Sicher können Sie auch für diesen letzten Schritt Ihrer nächsten Business-Präsentation auf professionelle, externe Dienstleister zurückgreifen. Mittlerweile hat sich hier ein breites Feld von Spezialagenturen etabliert, welche mit versiertem Blick und guter Expertise schnell professionelle Business-Präsentationen gestalten und umsetzen. Eine externe Zusammenarbeit in dieser Phase Ihrer Präsentationserstellung kann durchaus fruchtbar sein. Denn ohne mit Ihrem Thema in Berührung gekommen zu sein, können Außenstehende durchaus noch mit guten Vermerken, Verständnisfragen, Umsetzungsvorschlägen und Einfällen kommen, auf die Sie selbst bisher gar nicht gestoßen sind.

BEDIENEN SIE SICH ETABLIERTER HILFSMITTEL

Sofern Sie in einem mittleren oder größeren Unternehmen arbeiten, werden Sie zu 99% immer mit PowerPoint konfrontiert sein. Sie werden sich also häufiger die Frage stellen, wie sich die Arbeit mit diesem Programm noch optimieren lässt — insbesondere dann, wenn Sie viel und häufig mit der Produktion von Business-Präsentationen befasst sind.

Ganz wesentliche Faktoren für die schnelle und effektive Produktion von Folien sind — wir haben es auch bereits an anderer Stelle thematisiert — **gepflegte Bibliotheken und Standardvorlagen:** Jedes Unternehmen sollte über derartige Musterseiten für verschiedene Anwendungsfälle verfügen, auf deren Grundlage Sie Ihre jeweilige Business-Präsentation aufbauen können. Im Idealfall haben Sie also schon angelegte Musterpräsentationen etwa für Quartalsberichte, Sales-Präsentationen oder Marketingaktivitäten. Darin enthalten sind sogenannte Templates oder Folienmaster mit leeren Containern, die Sie nur noch anpassen beziehungsweise mit Inhalt füllen müssen. Verbunden damit, bestehen häufig Bibliotheken mit Standards wie CI-Elementen oder auch Grafiken, sodass Business-Präsentationen automatisch das richtige Unternehmens-Gesicht bekommen.

Der Vorteil: Alle wesentlichen Corporate-Design-Elemente (Logo, Claim, Folienhintergrund) sind bereits an der richtigen Stelle und Sie verwenden automatisch die richtigen Farben und die richtige Typographie. Für den Fall, dass solche Musterseiten nicht vorhanden sind, können Sie sich selbst behelfen und Ihre eigenen anlegen. Mit ein bisschen Erfahrung gelingt auch dies recht zügig. Die Zeitinvestition lohnt sich, denn fortan wird Ihnen das die Arbeit wesentlich erleichtern.

Sie können auch noch einen Schritt weiter gehen, indem Sie fremde Hilfe in Anspruch nehmen: So bieten diverse **Onlineportale** (wie z. B. www.slideshare.net) mittlerweile unzählige Gestaltungshilfen, Anregungen und komplette Vorlagen für Business-Präsentationen – teilweise sogar kostenlos.

Falls Ihnen also partout nichts (mehr) einfällt oder Ihnen schlicht die Zeit für selbst gestaltete Folien fehlt, finden Sie hier unter Umständen schon das Passende. Auf jeden Fall lohnt es sich, die dort abgelegten Präsentationen einmal sorgfältig zu studieren. Wenngleich nicht alle dort vorhandenen Präsentationen auf einem gleich hohen Niveau produziert und nach den hier vorgestellten Prinzipien aufgebaut wurden, können Sie sich dennoch eine Menge Anregungen holen, die vielleicht bei den eigenen Aufgaben weiterhelfen können.

Denken Sie bei der Nutzung fertiger Vorlagen aber immer an den erforderlichen Aufwand, um Ihre Business-Präsentation an das Unternehmensdesign anzupassen. Überlegen Sie, ob Sie mit eigenen Kreationen vielleicht doch schneller sein könnten.

PREZI

» MENSCHEN ERINNERN SICH AN RAUM UND GESCHICHTEN. PREZIS VERWENDUNG VON RÄUMLICHEN METAPHERN HILFT IHREM PUBLIKUM, SICH AN IHREN INHALT BESSER ZU ERINNERN.«

PREZI ÜBER PREZI AUF prezi.com

BEGINN EINER NEUEN ÄRA?

»PowerPoint ist tot. Es lebe Prezi.«. So ist es bereits in einigen Internetforen zu lesen. Ganz so schnell sollten wir in den Abgesang von PowerPoint vielleicht nicht einstimmen. Immerhin hat dieses Medium seit Anfang der 80er-Jahre einen beispielslosen Siegeszug hinter sich. Von der einfachen Entscheidungsvorlage, der Angebotspräsentation über die Präsentation für die Bilanzpressekonferenz bis zum großen Managementevent – es gibt kaum einen Bereich, in dem PowerPoint nicht nach wie vor das Medium der ersten Wahl ist. Jeder kennt es, jeder nutzt es.

Es hat immer auch andere Formate wie Flash-Präsentationen oder Filme gegeben. Dennoch konnten diese Medien PowerPoint nie ersetzen. Das Erfolgsgeheimnis von PowerPoint ist ganz banal: Es ist so einfach. Trotz mancher technischer Tücken lassen sich Präsentationen in kürzester Zeit erzeugen und noch in letzter Minute ändern. Darin ist PowerPoint nicht zu schlagen. **PowerPoint ist also quietschlebendig**. Dennoch ist Prezi eine echte Alternative, weil es erlaubt, Geschichten zu erzählen. Der **WOW-Effekt von Prezi** wird allerdings ohne ein strukturiertes Konzept und klare Botschaften schnell verpuffen. Richtig eingesetzt ist Prezi aber ein machtvolles Medium, Botschaften fest in den Köpfen der Zuhörer zu verankern.

DIE BEIDEN UNGARN HABEN 2007 PREZI ERFUNDEN.

DAS PREZI-WOW

Immer wieder berichten Kunden von ihren ersten Prezi-Erlebnissen mit einem Leuchten in den Augen. Die Kamerafahrten, Zoom-Effekte erzeugen einen filmischen Charakter, der offenbar beim Publikum **ein besonderes Momentum auslöst — das Prezi-Wow**. Aber wie funktioniert Prezi? Im Grunde ist Prezi aufgebaut wie ein großes Whiteboard: Statt auf einzelnen Slides sind die Inhalte auf einer **One Big Page angeordnet.**

Auf dieser Bühne haben Sie folgende Optionen:

Frames: Auf der großen Präsentationsfläche können Inhalte in Frames beliebig angeordnet werden – auch ineinander, sodass eine Prezi in der Regel mehrere Ebenen enthält.

Kamerafahrten: Die Präsentation entsteht dadurch, dass definiert wird, welche Frames nacheinander angefahren werden. Die Abfolge ist deshalb auch immer fest vorgegeben und kann während einer Präsentation nicht verändert werden. Prezi fährt die Frames mit einem Kameraschwenk an, dadurch entsteht der typische Prezi-Effekt.

Zoom: Liegen Frames ineinander, sind Kamerafahrten in die Tiefe möglich. Dadurch entsteht das typische räumliche Gefühl von Prezi »Sehen wir dort einmal genauer hinein.«. Oder: »Gehen wir nun wieder zurück auf die übergeordnete Ebene«, sind typische räumliche Assoziationen, die Prezi nahelegt.

Einblendungen: Die Animationsmöglichkeiten von Prezi sind beschränkt. Prezi erlaubt aber das Einblenden von Elementen.

Key Visual: Das Key Visual ist in gewisser Weise die Key Message einer Prezi und häufig ihr Dreh- und Angelpunkt. Ein Key Visual ist ein zentrales Bild, das an zentralen Punkten der Präsentation wiederholt wird. Häufig funktioniert dieses Key Visual auch wie eine Agenda.

Kollaboration: Prezi erlaubt es, online an einem Dokument zu arbeiten. Dabei können grundsätzlich mehrere Editoren gemeinsam in der Cloud eine Prezi bearbeiten.

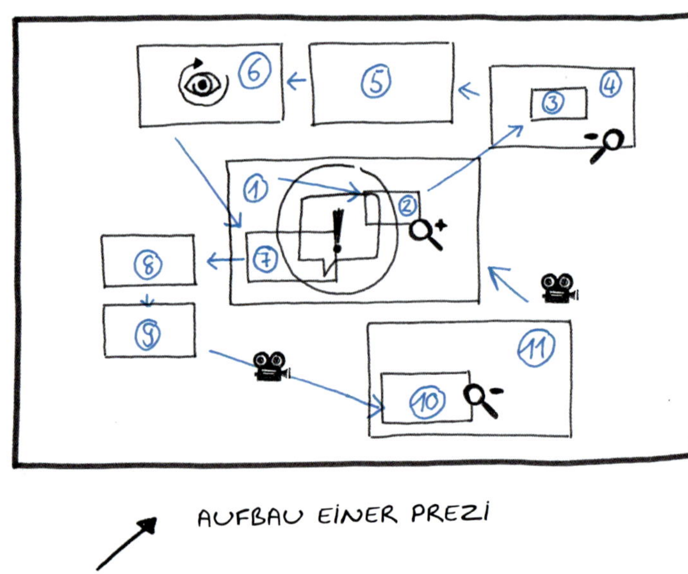

PREZI VERSUS POWERPOINT

PREZI

- → SHOWEFFEKT 👍
- → STORYTELLING 👍
- → STARK GEFÜHRTE PRAESENTATION 👍
- → ZEITINVESTMENT 👎
- → LAST-MINUTE-AENDERUNGEN 👎
- → DRUCKBARKEIT 👎

POWERPOINT

- → AUSFORMULIERTE STORYLINE 👍
- → ANIMATIONEN 👍
- → VERLINKUNGEN 👍
- → ZEITINVESTMENT 👉
- → LAST-MINUTE-AENDERUNGEN 👍
- → DRUCKBARKEIT 👍

TIPP DER AGENTUR:

Prezi bietet nur eine begrenzte Auswahl an Schriften und Farben. Für eine Gestaltung im Corporate Design ihres Unternehmens arbeiten Sie am besten Workarounds in Illustrator oder PowerPoint oder fragen eine spezialisierte Agentur.

THE MAKING OF A POWERFUL PREZI

5 SCHRITTE BIS ZU EINER STARKEN PREZI

1 INHALT

Wie bei jeder Präsentation beginnen Sie mit der Sammlung der Inhalte. Was sind die Inhalte, die Sie in Ihrer Präsentation anbringen wollen? Welche sind wichtig? Was ist Ihre Kernbotschaft?

2 STRUKTUR

Ordnen Sie die Inhalte nach dem pyramidalen Prinzip. Wie gehören Ihre Argumente argumentativ zusammen? Was stützt tatsächlich Ihre Kernbotschaft? Was ist unwichtig und kann weggelassen werden?

3 KEY VISUAL

Sammeln Sie Ideen für Ihr Key Visual, das der Dreh- und Angelpunkt Ihrer Präsentation werden soll. An dieser Stelle zählt zunächst Quantität, nicht Qualität. Überlegen Sie welches Visual Ihre Kernbotschaft am besten transportiert.

4 STORYBOARD/ DREHBUCH

Ordnen Sie die Elemente zu einer Geschichte an. Denken Sie in Bildern und einfachen Aussagen. Nutzen Sie dafür die Struktur, die Sie in Schritt 2 entwickelt haben. Machen Sie sich Gedanken über Kamerafahrten und Zooms. Haben Sie den Mut auch noch einmal von vorne anzufangen.

5 UMSETZUNG IN PREZI

Jetzt haben Sie alles, was Sie benötigen, um Ihre Prezi aufzusetzen. Der Rest ist Übung, Übung, Übung.

TIPP DER AGENTUR: *Für ein erstes Ausprobieren genügt die Free-Version. Wir empfehlen die Pro-Lizenz, mit der Sie auch offline außerhalb der Cloud arbeiten können. Für iPad und iPhone existiert eine Prezi-App. Damit können Sie Prezis ansehen, jedoch nicht bearbeiten.*

ZUSAMMENFASSUNG

Für die technische Umsetzung beziehungsweise Produktion Ihrer nächsten Business-Präsentation stehen Ihnen heute eine Reihe von Präsentationsanwendungen zur Verfügung, wobei nach wie vor PowerPoint am stärksten im Markt etabliert ist.

Damit Sie bei Ihrer nächsten Business-Präsentation durch Logik und Optik bestechen, achten Sie bitte auf folgende Punkte:

1. *Machen Sie sich mit dem jeweiligen Programm vertraut, mit dem Sie Ihre Business-Präsentation erstellen wollen/sollen.*
2. *Lassen Sie sich von kurzfristigen Misserfolgen nicht entmutigen; je öfter Sie eine Business-Präsentation umsetzen, desto versierter werden Sie in der Bedienung der jeweiligen Programme.*
3. *Nehmen Sie sich ausreichend Zeit für die Umsetzung und nutzen Sie sinnvolle Hilfsmittel, die Sie bei der Erstellung Ihrer nächsten Business-Präsentation unterstützen.*

BEMERKUNGEN

»UM ETWAS ANGEMESSEN ZU VEREINFACHEN, MUSS MAN ES ERST UMFASSEND VERSTANDEN HABEN.«

THOMAS FRIEDMAN, NEW-YORK-TIMES-KOLUMNIST UND PULITZER-PREISTRÄGER

PROBIEREN SIE ES AUS, DER ERFOLG WIRD IHNEN RECHT GEBEN

Sie haben erkannt, dass es eine ganze Reihe von Tricks und Hilfsmitteln gibt, um sich die Arbeit an und mit Business-Präsentationen zu erleichtern. Mit der Zeit werden Sie effizienter im Umgang mit PowerPoint; das »Wie«, der technische Part ist dann noch der dankbarste.

Viel schwieriger und aufwändiger ist hingegen das »Was«, der Inhalt Ihrer Business-Präsentation. Wir hoffen daher, Ihnen mit dieser Einführung in die Grundlagen wirkungsvoller, inhaltlicher Strukturierung und Kommunikation ein gutes Rüstzeug für die nächsten Aufgabenstellungen geboten zu haben.

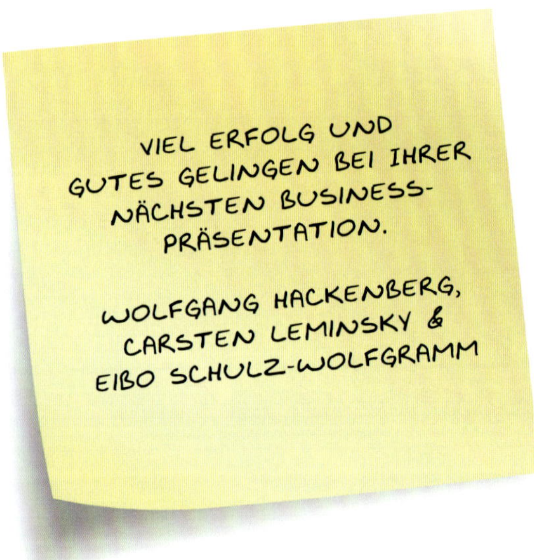

Bestenfalls konnten wir Sie von unserer Vorgehensweise überzeugen. Sicherlich aber werden wir Sie sensibilisiert haben für die Herausforderungen und die Klippen, welche es beim Kommunizieren zu konfrontieren bzw. zu umschiffen gilt. **Mit ein wenig Selbstdisziplin werden Sie von unserer Methode profitieren.**

Auf jeden Fall aber möchten wir Ihnen abschließend unsere zusammenfassenden Tipps mitgeben, die Ihnen bei Ihrer Arbeit zu spürbar mehr Erfolg verhelfen:

1. FORMULIEREN SIE ZUR AUFTRAGSKLÄRUNG EINE KERNFRAGE, STIMMEN SIE DIESE AB UND DURCHDRINGEN SIE DIE AUFGABE MIT HILFE EINES FRAGEBAUMS.

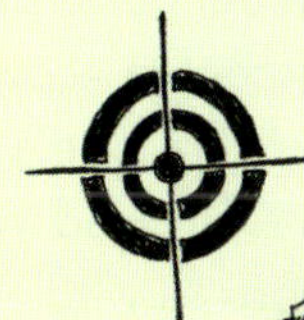

2. BEHALTEN SIE BEI DER INHALTLICHEN UND FORMALEN GESTALTUNG STETS IHR ZIEL UND IHRE ZIELGRUPPE IM AUGE! ANALYSIEREN SIE VORAB.

3. JEDE BUSINESS-PRÄSENTATION HAT EINE KERNBOTSCHAFT, IDEALERWEISE AUFGEBAUT NACH DEM "SUCCES"-PRINZIP. DENKEN SIE AN INSPEKTOR COLUMBO!

4. BAUEN SIE IHRE BUSINESS-PRÄSENTATION NACH DEM PYRAMIDALEN PRINZIP AUF! DAS WICHTIGSTE KOMMT ZUERST.

5. JEDE FOLIE HAT EINE BOTSCHAFT, EINEN VOLLSTÄNDIGEN SATZ. WENN SIE KEINE BOTSCHAFT HABEN, LASSEN SIE DIE FOLIE WEG.

WIR FREUEN UNS AUF IHRE ANREGUNGEN

DIE AUTOREN

WOLFGANG HACKENBERG war vor der Gründung von steercom 14 Jahre in unterschiedlichen Management-Funktionen bei Bertelsmann, Roland Berger Strategy Consultants und Accenture tätig. Zuletzt arbeitete er als Partner bei Accenture u. a. im Führungsteam der Strategy Service Line und Communications & High Technology Practice. Heute führt er als geschäftsführender Gesellschafter die steercom GmbH als Anbieter von Software und Workshops rund um die Erstellung professioneller Business-Präsentationen. Für wichtige Proposals wird er auch als Deal Coach herangezogen. hackenberg@steercom.de

CARSTEN LEMINSKY war vor der Gründung von steercom einige Jahre als Geschäftsführer eines mittelständischen Unternehmens in Deutschland tätig. Seine Karriere begann er als Unternehmensberater für Strategie- und Organisationsentwicklung bei Pricewaterhouse in der Schweiz, gefolgt von selbstständiger Managementberatung für Großunternehmen der Hightech- und Finanzindustrie in Europa, Nord- und Südamerika. Heute führt er als geschäftsführender Gesellschafter die steercom GmbH als Anbieter von Software und Workshops rund um die Erstellung professioneller Business-Präsentationen. Für wichtige Proposals wird er auch als Deal Coach herangezogen. leminsky@steercom.de

EIBO SCHULZ-WOLFGRAMM gehört zu den Pionieren im Umfeld der Erstellung von professionellen Präsentationen. Seine Agentur K16, der er als geschäftsführender Gesellschafter seit 1989 vorsteht, ist heute eine der führenden Spezial- und Kommunikationsagenturen für Präsentationen. Noch heute betreut Eibo Schulz-Wolfgramm eigene Präsentationsprojekte und steht deutschen Blue Chips und dem gehobenen Mittelstand als Berater rund um alle präsentationsspezifischen Themen zur Seite. esw@k16.de

Während der gesamten Bucherstellung mussten uns unsere Familien häufig entbehren und waren trotzdem immer da, wenn wir sie brauchten:
als konstruktive Kritiker, Allround-Manager unseres Lebensalltags und Kraftspender.

Ihr Lieben, wir danken Euch von Herzen!

QUELLENVERZEICHNIS

Atkinson, Cliff: Beyond Bullet Points. Microsoft Press 2007

Baddeley, Alan und Hitch, Graham: Working Memory in Perspective. Taylor & Francis 2007

Bumiller, Elisabeth: We have met the enemy and he is PowerPoint. In: »New York Times«, 26.4.2010

Duarte, Nancy: Slideology: The Art and Science of Presentation Design. O'Reilly Media 2008

Duarte, Nancy: Resonate: Present Visual Stories that Transform Audiences. John Wiley & Sons 2010

Heath, Chip and Dan: Made to Stick: Why Some Ideas Survive and Others Die. Random House 2003

Minto, Barbara: The Pyramid Principle: Logic in Writing and Thinking. Financial Times 1987

Parker, Ian: Can a software package edit our thoughts? In »The New Yorker«, 28.5.2001, abgerufen am 15.2.2010 (am Ursprungsort nicht mehr zugänglich, daher von archive.org)

Reynolds, Garr: Presentation Zen: Simple Ideas on Presentation Design and Delivery. Addison-Wesley Longman 2008

Sweller, John und Chandler, Paul: In Neil J. Salkind: Encyclopedia of Research Design. Sage Publications Ltd. 2010

Shannon, Claude und Weaver, Warren: The mathematical Theory of Communication. University of Illinois Press 1949

Tufte, Edward: The Cognitive Style of PowerPoint. Graphics Press 2003

Zelazny, Gene: Say It With Charts: The Executives's Guide to Visual Communication. McGraw-Hill 2001